15 000 Jahre Mord und Totschlag
Anthropologen auf der Spur spektakulärer Verbrechen

JOACHIM WAHL

15 000 JAHRE MORD UND TOTSCHLAG

ANTHROPOLOGEN AUF DER SPUR
SPEKTAKULÄRER VERBRECHEN

Bibliografische Information der Deutschen Nationalbibliothek
Die Deutsche Nationalbibliothek verzeichnet diese Publikation in der
Deutschen Nationalbibliografie; detaillierte bibliografische Daten sind
im Internet über http://dnb.d-nb.de abrufbar.

Umschlaggestaltung: Stefan Schmid, Stuttgart, unter Verwendung einer
Fotografie des Frauenschädels aus der Kopfbestattung vom Hohlenstein-
Stadel (© Matthias Seitz, Rottenburg a. N.).

© 2012 Konrad Theiss Verlag GmbH, Stuttgart
Alle Rechte vorbehalten
Lektorat: Thomas Theise, Regensburg
Satz und Gestaltung: Satz & mehr, Besigheim
Druck und Bindung: Himmer AG, Augsburg
Gedruckt auf säurefreiem und alterungsbeständigem Papier
Printed in Germany

ISBN 978-3-8062-2590-7
Besuchen Sie uns im Internet www.theiss.de

INHALT

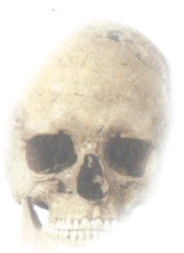

VORWORT

Warum ein Buch über Mord und Totschlag in vergangenen Zeiten? In Anlehnung an die erst kürzlich und mit großem Echo seitens der Leserschaft erschienenen Bücher von Angelika Franz („Der Tod auf der Schippe oder was Archäologen sonst so finden") und Dirk Husemann („Schätze der Menschheit: Zerstört. Geraubt. Verschollen" und „Tod im Neandertal. Akte Ötzi. Tatort Troja. – Die ungelösten Fälle der Archäologie") schien es an der Zeit, auch den menschlichen Überresten selbst einmal ein Forum zu geben. Als Partner der Archäologen sind hierzu die Anthropologen gefragt.

Skelette und Mumien aus alten Zeiten stellen ein schier unerschöpfliches Archiv dar, das mit ausgeklügelten naturwissenschaftlichen Methoden auf mannigfache Weise zum Sprechen gebracht werden kann. Diese Informationsquelle erschließt sich dem flüchtigen Betrachter nicht auf Anhieb, ermöglicht aber immer wieder spannende und erstaunlich detaillierte Einblicke in das Leben, Leiden und Sterben unserer Vorfahren.

Mord und Totschlag erregen die Gemüter auch noch Hunderte oder Tausende von Jahren nach dem eigentlichen Geschehen. Solchen Taten, die längst in Vergessenheit geraten sind – noch dazu solchen aus schriftlosen Epochen –, in kriminalistischer Manier nachzuspüren, ist faszinierend und im Ergebnis nicht selten erschreckend. Die Behandlung der Opfer offenbart dabei unerwartete Einsichten in die Gedankenwelt unserer Vorfahren, und verschiedenartige Spuren erlauben sogar Rückschlüsse auf die Täter.

Dabei ist es eher selten, dass man die Todesursache einer Person überhaupt an deren Skelett erkennen kann. Auch bei den hier ausgewählten Fällen ist das nicht immer möglich. Zuweilen liefern bereits die Fundumstände Indizien, die den Verdacht eines unnatürlichen Todes aufkommen lassen. So birgt jedes Kapitel einen ganz speziellen Einblick in eine andere Epoche unserer Vorgeschichte.

In Anbetracht des Gesamtumfangs sind einige Sachverhalte nur verkürzt wiedergegeben und bei jedem Abschnitt nur eine Handvoll Publikationen angeführt, die als Einstiegsliteratur gedacht sind. Weitere Veröffentlichungen finden sich in Fachzeitschriften oder Monografien, in denen der entsprechende Fund oder einzelne Aspekte desselben ausführlich diskutiert werden.

Wenn in den Berichten von „Individuen" die Rede ist, dann geschieht das ohne den negativen Beigeschmack, den diese Bezeichnung in unserem Sprachgebrauch manchmal hat. Sie steht völlig neutral für den im konkreten Zusammenhang beschriebenen Menschen, die Person, das Kind oder den Erwachsenen.

Zahlreiche Institutionen stellten freundlicherweise Abbildungen zur Verfügung:

Das Landesamt für Denkmalpflege in Esslingen, die Referate für Denkmalpflege in den Regierungspräsidien Stuttgart, Karlsruhe und Tübingen, das Archäologische Landesmuseum Baden-Württemberg in Konstanz, das Brandenburgische Landesamt für Denkmalpflege und Archäologische Landesmuseum in Zossen-Wünsdorf, das Landesamt für Denkmalpflege und Archäologie Sachsen-Anhalt, das Niedersächsische Landesamt für Denkmalpflege, das Landesamt für Kultur und Denkmalpflege in Schwerin, die Generaldirektion Kulturelles Erbe Rheinland-Pfalz, die Kantonsarchäologie Luzern, das Institut für Gerichtliche Medizin sowie das Institut für Ur- und Frühgeschichte und Archäologie des Mittelalters der Universität Tübingen, das Institut für Anthropologie der Universität Mainz, die Anthropologische Staatssammlung München, das Naturhistorische Museum Wien, The Natural History Museum in London und das Reichsarchiv Stockholm.

Die Vorlage für das eindrucksvolle Titelbild stammt von Matthias Seitz M. A., Rottenburg a. N.

Für wertvolle Ratschläge, Detailinformationen und Hilfestellungen sei folgenden Damen und Herren herzlich gedankt:

Jörg Bofinger (Esslingen), Michael Bolus (Tübingen), Heidrun Derks (Kalkriese), Claus Dobiat (Marburg), Harald Floss (Tübingen), Andrea Golowin (Heilbronn), Anja Grothe (Wünsdorf), Gisela Grupe (München), Jörg Heiligmann (Konstanz), Christina Jacob (Heilbronn), Detlef Jantzen (Schwerin), Bettina Jungklaus (Berlin), Claus-Joachim Kind (Esslingen), Bernd Kober (Heidelberg), Hans Günter König (Kirchentellinsfurt), Johanna Kontny (Heidelberg), Carsten Pusch (Tübingen), Hartmann Reim (Tübingen), Elisabeth Stephan (Konstanz), Karlheinz Steppan (Konstanz), Ingo Stork (Esslingen), Thomas Terberger (Greifswald), Maria Teschler-Nicola (Wien), Rouven Turck (Heidelberg), Susanne Wahl (Aach/Hegau), Andrea Zeeb-Lanz (Speyer), Albert Zink (Bozen).

Mein besonderer Dank gilt Volker Hühn und Melanie Ippach vom Konrad Theiss Verlag in Stuttgart für das Wagnis, sich dieser Thematik anzunehmen, sowie Thomas Theise aus Regensburg für sein konstruktives Lektorat.

Joachim Wahl

EINFÜHRUNG: WAS IST ANTHROPOLOGIE?

Die Anthropologie (griech., Lehre vom Menschen) beschäftigt sich mit dem Aufbau und der Entwicklung des Menschen vom Molekül bis zum vollständigen Individuum, von der befruchteten Eizelle bis zum Erwachsenen, bis zu seinem Tod und darüber hinaus, mit seinem Sozialverhalten, seinen geistigen und körperlichen Fähigkeiten unter bestimmten Lebensbedingungen und Umwelteinflüssen. Dazu kommt die Variationsbreite einzelner Merkmale in Raum und Zeit, wobei die unterschiedlichen Augenfarben und Körperproportionen heute lebender Menschen genauso beachtet werden wie Verschleißerscheinungen an den Fußgelenken römischer Legionäre, Karies im Gebiss eines Kelten oder versteinerte Überreste von Vorfahren, die vor Jahrmillionen durch die Savannen Afrikas streiften.

Dem Anthropologen ist nichts Menschliches fremd

Die Kooperation mit Disziplinen wie Medizin/Gerichtsmedizin, Biochemie, Soziologie, Archäologie, Geologie, Ur- und Frühgeschichte, Ethnologie, vergleichende Kulturwissenschaften und anderen liefert darüber hinaus Erkenntnisse zu Ernährungssituation und Herkunft, zu Aussehen und Sozialverhalten, zu den Bestattungssitten und vielem mehr – gelegentlich lässt sich sogar erkennen, woran ein Individuum gestorben ist. Wesentliche Zusatzinformationen liefert die Archäometrie mit ihren vielfältigen biochemischen Untersuchungsmethoden (DNA, Spurenelement- und Isotopenanalysen).

Ausgangsmaterial sind in der Regel die Knochen und Zähne unserer Vorfahren, die je nach Liegemilieu am ehesten lange Zeiträume überdauern. Wie aus der Chipkarte eines Personalausweises vermögen die Fachleute aus diesen Überresten einen regelrechten Steckbrief herauszulesen, aus dem zum Beispiel hervorgeht, dass eine im Alter von etwa dreißig Jahren erschlagene, knapp 1,60 Meter große Römerin im Alter von zwei Jahren abgestillt wurde, mit sechs bis sieben Jahren unter einer Krankheit oder Mangelsituation litt, sich einige Jahre vor ihrem Tod den Arm gebrochen und mindestens einmal entbunden hat, von heftigen Zahnschmerzen geplagt wurde, über längere Zeit schwere Lasten tragen musste, in einer vom Fundort weit entfernten Region aufgewachsen und möglicherweise die Tochter eines in der Nähe bestatteten Mannes ist. Unter günstigen Erhaltungsbedingungen stehen zuweilen auch Mumien mit Haut und Haar oder Überresten innerer Organe zur Verfügung. Deren Untersuchung vermag noch weitergehende Hinweise darauf zu liefern, dass sie in den letzten Monaten ihres Lebens vor allem vegetarisch lebte, einen Bandwurm in sich trug, zuletzt eine Fischmahlzeit verzehrt hat und rothaarig war.

Wenn an mehreren Skeletten, die auf einem Friedhof geborgen wurden, entsprechende Befunde erhoben werden, lassen sich diese Individualdaten auf Populationsebene zusammenführen. Dann kann man beispielsweise berechnen, welchen Anteil an der jungsteinzeitlichen Bevölkerung von Aiterhofen Senioren ausmachten oder wie hoch die durchschnittliche Lebenserwartung eines Mannes aus der Bronzezeit im Raum Heilbronn im Alter von vierzig Jahren noch war – mit Hilfe sogenannter Sterbetafeln, die vom mathematischen Prinzip her auch heutigen Rentenberechnungen zugrunde liegen.

Unübersichtliche Nomenklatur

Es sind ausgesprochen viele Fachrichtungen, die im Rahmen anthropologischer Fragestellungen eine Rolle spielen – als Beispiele seien die Verhaltens- und Primatenforschung oder die psychologische Anthropologie genannt. Weitere Spezialgebiete beschäftigen sich unter anderem mit Wachstum und Pubertät in Abhängigkeit von Ernährung und Umwelt, mit der Entschlüsselung von Alterungsprozessen oder mit der körpergerechten Konstruktion von Maschinen und Alltagsgegenständen.

Eine gewisse Verwirrung stiftet der Blick in den angelsächsischen Raum: Dort wird der Begriff *anthropology* weiter gefasst als bei uns. Die an hiesigen Universitäten selbstständigen Fächer Völkerkunde, Vor- und Frühgeschichte und Soziologie zählen in England und Amerika zur „Lehre vom Menschen" – und das hat seine Berechtigung, wenn man nicht nur den Menschen als solchen betrachtet, sondern auch das, was er tut, was er an Sachgütern produziert und hinterlässt. Die Beschäftigung mit Skelettresten aus alten Zeiten wird im angelsächsischen Sprachgebrauch als *physical anthropology* bezeichnet im Gegensatz zu *social anthropology*. Zur Physischen Anthropologie gehören wiederum Teilgebiete wie die Paläoanthropologie – früher „Fossilgeschichte des Menschen" – oder die Prähistorische Anthropologie, deren Fokus auf Skelettmaterial aus nacheiszeitlichen Epochen liegt. Ebenfalls nahezu exklusiv ist im englischsprachigen Raum die *forensic anthropology* im Grenzbereich von Gerichtsmedizin und Anthropologie. Auf diesem Gebiet tätige Gutachter sind bei uns die Ausnahme.

Um den Dschungel der Begrifflichkeiten zu vervollständigen, sei an dieser Stelle auch der Ausdruck Osteologie erwähnt, den es sowohl in der Medizin als auch in der Anthropologie gibt und der nichts anderes bedeutet als „Lehre vom Knochen" (lat. *os* / griech. *ostéon*, Knochen; griech. *lógos* Rede/Wort/Lehre). Hierzu gehören – was auch Archäologen nicht immer wissen – Anthropologie und Archäozoologie. Osteologie ist also der Oberbegriff für die Lehre von den Menschen- und Tierknochen.

Am Rande sei vermerkt, dass im Gegensatz zu Arzt, Metzger oder Friseur die Berufsbezeichnung „Anthropologe" nicht gesetzlich geschützt ist. Jeder, der sich mit dem oder den Menschen beschäftigt, kann sich so nennen. Ähnliches gilt zum Beispiel für Pomologe (Apfelkundler) oder Calzeologe (Schuhspezialist).

„Zeige mir deine Knochen und ich sage dir, wer du bist"

Die einem griechischen Philosophen zugeschriebene Formulierung lautet eigentlich: „Zeige mir deine Freunde, und ich sage dir, wer du bist" und besagt: Die Personen, mit denen ich mich umgebe, werfen ein Licht auf mich selbst. Wenn man sich vor Augen führt, welche Aussagemöglichkeiten Knochen bieten, ist man tatsächlich überrascht, welche Details sie über die Menschen verraten, von denen sie stammen.

Knochen sind keineswegs tote Materie. Sie enthalten organische Bestandteile, die unter Umständen noch Jahrtausende später nachweisbar sind. Sie werden zeitlebens umgebaut und dokumentieren dabei die Lebensbedingungen ihres Besitzers. Knochen sind Fabrikationsstätten für rote und den größten Teil der weißen Blutkörperchen, die den Sauerstofftransport und die Immunabwehr gewährleisten. Als Calcium-Depots ermöglichen sie die Funktionsfähigkeit von Muskeln und Nerven. Knochen sind bis zu einem gewissen Grad elastisch und extrem belastbar, dabei aber relativ leicht. Ein Oberschenkelknochen wäre in der Lage, einen Mittelklassewagen mit bis zu 1,5 Tonnen Gewicht zu tragen.

Das Skelett eines Erwachsenen besteht üblicherweise aus 206 Einzelknochen und – im Idealfall – 32 Zähnen. Beim Jugendlichen sind es rund 350 Einzelteile, da die meisten Knochen aus mehreren Abschnitten bestehen, die sich bis zum Abschluss des Wachstums separat entwickeln und erst dann zu einem Skelettelement verschmelzen. So setzen sich die Brustwirbel aus jeweils fünf und ein Oberarmknochen allein aus acht Teilstücken zusammen. Inklusive Gehörknöchelchen und Zungenbein sind im Schädel 29 Knochen vereint. Jeder Arm und jedes Bein steuert dreißig Knochen zur

Gesamtzahl bei. Das Skelett wird auch als „passiver Bewegungs-apparat" bezeichnet, denn ohne Muskeln tut sich nichts. Über den gesamten Körper verteilt finden sich etwa 650 Muskeln, die dieses Gerüst in Bewegung setzen, allein 33 davon, um eine Hand zu bewegen, und fünfzig im Gesicht, ohne die wir nicht die komplexeste Mimik im gesamten Tierreich hätten.

Darf man menschliche Überreste ausstellen?

Die Kombination altbewährter und moderner Untersuchungsmethoden erlaubt es den Anthropologen, detaillierte Lebensbilder zu entwerfen. Wie ein Totenkopf auf einer Piratenflagge oder einem Giftetikett fast augenblicklich ungeteilte Aufmerksamkeit auf sich zieht, üben Menschenknochen als anatomische Präparate und solche aus längst vergangenen Epochen stets große Anziehungskraft aus. Mehr noch gilt das für Mumien, die dem lebendigen Zustand am nächsten kommen. So sind auch jene Vitrinen in Museen am dichtesten umlagert, in denen Gräber unserer Vorfahren mit Originalskeletten rekonstruiert wurden oder Einzelknochen mit besonderen Krankheitsbefunden und Fehlbildungen gezeigt werden.

Die Meinungen der Besucher sind jedoch ambivalent: Einige sind begeistert, andere abgeschreckt, wieder andere kommen des Gruselfaktors wegen.

Man erinnere sich an die heftigen Diskussionen um Pietät und Profit, Interesse und Informationsbedürfnis, Ethik und Effekthascherei im Zusammenhang mit der Ausstellung „Körperwelten" Gunther von Hagens. Es kamen Hunderttausende – zuletzt musste die Schau rund um die Uhr geöffnet bleiben, um die Besucherströme zu bewältigen. Als der Aktionskünstler Wolfgang Flatz im Juli 2001 in Berlin eine enthäutete Kuh aus einem Helikopter werfen wollte, kamen ähnliche Fragen auf. Empörte Tierschützer versuchten per einstweiliger Verfügung, juristisch dagegen vorzugehen. Das Urteil der Richter lautete, niemand sei gezwungen hinzugehen. Als die immerhin 2500 Jahre alten Skelettreste des Keltenfürsten von Hochdorf 1985 im Stuttgarter Kunstgebäude öffentlich präsentiert werden sollten, wurden selbst aus Museumskreisen Zweifel geäußert, ob man dies tun dürfe. Mit der Ausstellung seiner Grabbeigaben hatte man dagegen keine Probleme – ein Dilemma, denn ohne den Fürsten wären die Preziosen nicht in dieser Kombination entdeckt worden. Beides gehört also untrennbar zusammen, und in diesem Sinne ist denn auch in Stuttgart entschieden worden.

Wer religiöse oder moralische Bedenken in Bezug auf Knochen hegt, dürfte auch die Beigaben nicht aus dem Grab nehmen. Er müsste im Hinblick auf die Totenruhe sogar streng genommen jeden Eingriff in den Boden vermeiden, denn es besteht dabei grundsätzlich die Gefahr, versehentlich auf ein altes Grab zu stoßen. Wenn wir auf unsere modernen christlichen Friedhöfe schauen, ist die Ruhedauer der Verstorbenen in der Regel auf 15 Jahre beschränkt. Beim Anlegen einer neuen Bestattung werden die älteren Knochen meist verschämt beiseite geschoben. Ob das pietätvoller ist, sei dahingestellt. Somit muss jeder für sich selbst entscheiden, ob er alte Knochen anschauen möchte oder nicht – wer mehr über unsere Altvorderen erfahren will, wird sich jedoch dem enormen Aussagepotenzial dieser Fundgattung kaum entziehen können. Ein Teil der Faszination liegt darin, dass beim Betrachten stets der eigene Körper zum Vergleich präsent ist – und dass man insgeheim froh ist, nicht selbst betroffen zu sein.

Kommissare und Gerichtsmediziner

Mit Ausnahme von Ärzten ist kaum ein anderer Berufsstand in den letzten Jahren in den Medien so präsent wie Forensiker: vom Urvater der Gerichtsmediziner, „Quincy", und der deutschen Antwort „Der letzte Zeuge" mit Ulrich Mühe über „CSI – Den Tätern auf der Spur" bis zu „Medical Detectives – Geheimnisse der Gerichtsmedizin" oder „Bones – Die Knochenjägerin". Im Grunde tun Archäologen und Anthropologen, die sich mit alten Knochen beschäftigen, das Gleiche: Sie versuchen aus den vorhandenen Überresten eines Menschen und den Fundumständen herauszufinden, was geschehen ist – nur mit viel größerem zeitlichen Abstand. Dabei sollte man sich jedoch von dem Klischee verabschieden, dass der Gerichtsmediziner, vor einem aufgeschnittenen Leichnam abgeklärt seine Butterstulle mampfend, alles weiß und jegliche Analysenmethode im Alleingang beherrscht. Wie bei den Anthropologen sind dazu verschiedene Spezialisten gefragt. Mitunter schießen die im Film gezeigten Deutungsmöglichkeiten auch weit über das Ziel hinaus, und in der Realität lässt sich kaum ein Fall in neunzig Minuten lösen.

Auf derselben Popularitätswelle schwimmen einschlägige Romane wie jene von Kathy Reichs, Patricia Cornwell oder Bill Bass – veröffentlicht unter Jefferson Bass –, dem Gründer der berühmten Body Farm in Tennessee, USA. Hier kommen im Gegensatz zu vielen anderen Krimis immerhin Fachleute zu Wort. Wer in diesem Bereich tätig ist, spürt bei jedem neuen Skelettfund – auch wenn die Knochen als solche immer irgendwie gleich aussehen – die Herausforderung, Indizien zu finden, die zur Klärung des speziellen Falles beitragen, sei es zur Identifizierung der Person oder zur Rekonstruktion des Geschehens. Bis hin zur Ausarbeitung der sogenannten Täter-Opfer-Geometrie anhand von Spuren tätlicher Auseinandersetzungen.

Unabdingbar für die Beurteilung traumatischer Befunde sind Kenntnisse in Biomechanik und Spurenkunde, die Unterscheidung von peri- und postmortalen Einwirkungen oder die Bestimmung des Postmortalen Intervalls (PMI), die zu den schwierigsten Fragestellungen der Forensik überhaupt gehört. Es gibt zwar Methoden wie fortschreitende Veränderungen im Glaskörper des Auges bei relativ frischen Leichen oder Fluoreszenzuntersuchungen an Knochenschliffen bei Skelettfunden, doch die Eingrenzung der Liegezeit ist speziell bei Letzteren nicht einfach. Dabei geht es in der Praxis um einen Zeitraum von fünfzig Jahren. Obschon Mord bei uns nicht verjährt, werden Fälle, die länger zurückliegen, nicht mehr gerichtlich verfolgt. Ein untrügliches Zeichen höheren Alters ist ein meist nur hinter vorgehaltener Hand kolportiertes, quasi magisches Ritual, das den Anthropologen zugeschrieben wird:

die sogenannte Lippenprobe. Da länger bodengelagerte Knochen kaum mehr organische Bestandteile enthalten, bewirken Adhäsionskräfte, dass bei ihrer Berührung mit der Lippe diese für einen Moment hängen bleibt. Der Knochen sollte vorher allerdings gereinigt und getrocknet worden sein ...

Mord und Totschlag

Die Unterscheidung von Mord und Totschlag dürfte im archäologischen Kontext kaum möglich sein. Aus den meisten prähistorischen Epochen kennen wir keine Gesetzestexte, und selbst wenn, stellt sich die Frage, ob sie unserem heutigen Rechtsverständnis entsprechen. In den frühmittelalterlichen *leges* geht es bei derartigen Delikten unter anderem um die finanzielle Entschädigung der Hinterbliebenen. Im Hoch- und Spätmittelalter wurde man bereits für Vergehen wie Diebstahl oder Wilderei hingerichtet, so dass nur hinsichtlich der Todesart noch abgestuft wurde. Je „abscheulicher" eine Tat gewesen war, desto mehr musste der Delinquent leiden, bevor er seinen letzten Atemzug tat.

Auch heute herrscht noch verbreitet Unkenntnis. Würde man aktuell eine Umfrage nach den Kriterien zur Unterscheidung von Mord und Totschlag durchführen, käme mit Sicherheit heraus: Mord geschieht mit Vorsatz, und Totschlag ist eine Tötung im Affekt. Genau so wird es auch in den meisten Kriminalfilmen vermittelt. Dabei spielte der Umstand, ob eine solche Tat mit oder ohne Vorplanung erfolgte, zwar im römischen Recht eine Rolle, in Deutschland galt das aber nur bis zum Jahr 1941. Seit damals – immerhin schon siebzig Jahre! – gelten bei uns andere Tatbestände als sogenannte Mordmerkmale. Die wenigsten wissen das, und auch bei den Tatort-Kommissaren kann man sich diesbezüglich nicht immer ganz sicher sein. Laut § 211 und § 212 StGB (Strafgesetzbuch) werden als Mord eingestuft: Tötung aus Mordlust, zur Befriedigung des Geschlechtstriebs, aus Habgier, aus sonstigen niederen Beweggründen, mit gemeingefährlichen Mitteln, um eine andere Straftat zu ermöglichen oder zu verdecken sowie heimtückische oder grausame Tötung. Der Umstand, ob die Tat im Affekt geschah, ist dabei irrelevant – im Gegenteil: Auch eine geplante Tötung kann als Totschlag und eine spontane Tat als Mord geahndet werden.

Unterschiedliche Deutungsmöglichkeiten

Archäologische Befunde im Kontext mit menschlichen Skelettresten lassen oft verschiedene Deutungen zu. Nicht selten ist dabei die Tendenz zu beobachten, einer spektakuläreren Variante gegenüber einer weniger aufregenden, jedoch nicht weniger plausiblen Interpretation den Vorzug zu geben. Als Beispiel mögen einige Aspekte im Zusammenhang mit dem „Mann aus dem Eis" dienen, der im September 1991 rund 5300 Jahre nach seinem Tod am Tisenjoch in Südtirol gefunden wurde. Er ist zwar mit Abstand das berühmteste Beispiel eines prähistorischen Kriminalfalls, aber – wie die ersten Kapitel dieses Buches zeigen werden – nicht der älteste.

„Ötzi" hatte Gallensteine, eine verheilte Rippenserienfraktur auf der linken Seite, litt an erblich bedingter Arteriosklerose und starb im Alter von vierzig bis fünfzig Jahren. Erst kürzlich konnten Genetiker auch Milchzuckerunverträglichkeit diagnostizieren. Es heißt, er sei ein bis zwei Tage vor seinem Ende in eine tätliche Auseinandersetzung verwickelt gewesen. Die bereits im Abheilen begriffene Schnittwunde an der rechten Hand könnte er sich aber genauso bei handwerklichen Tätigkeiten zugezogen haben. Er sei dann in die Berge geflohen, rücklings von einem Pfeil in die linke Schulter getroffen worden und innerhalb weniger Minuten verblutet, da die Schlüsselbeinarterie verletzt wurde. Doch während andere hölzerne Gegenstände bestens erhalten sind, fehlt der betreffende Pfeilschaft. Eine offensichtlich von modernen Kriminalfilmen inspirierte Theorie dazu lautet, dieser sei nach der Tat vom Schützen entfernt worden, damit man den Mörder nicht identifizieren könne oder das Ganze wie ein Unfall aussehe. Dabei hatte der Täter in der zweiten Hälfte des 4. Jahrtausends v. Chr. sicher noch keine offizielle Strafverfolgung zu befürchten. Aber wenn der oder die Täter tatsächlich so nahe bei ihrem Opfer gewesen sein sollten, warum haben sie dann die gesamte Ausrüstung, insbesondere das überaus wertvolle Kupferbeil des Eismanns nicht angetastet? Es könnte also auch sein, dass sie gar nicht vor Ort waren, als er starb. Vielleicht hat er sich den Pfeil selbst herausgezogen und beiseite geworfen, nachdem er seinen Häschern entkommen war. Solange der Pfeil in der Wunde steckte, wirkte er wie ein Pfropf. Es ist allgemein bekannt, dass man Pfeile, Messer oder Ähnliches bei einem Verwundeten nicht entfernen soll.

Ein weiterer Punkt sind Anzeichen einer Schädelfraktur über dem rechten Auge, die aber nicht zwangsläufig von einem Schlag, sondern ebenso von einem Sturz herrühren könnte. Und dass nur zwei von 14 Pfeilen des Eismanns einsatzfähig waren, muss nicht auf einen überstürzten Aufbruch hinweisen. Man hielt damals sicherlich permanent Ausschau nach geeignetem Rohmaterial für die spätere Weiterverarbeitung. Selbst mit weniger aufregenden Effekten ist seine Story immer noch spannend genug.

Die Tatzeiten

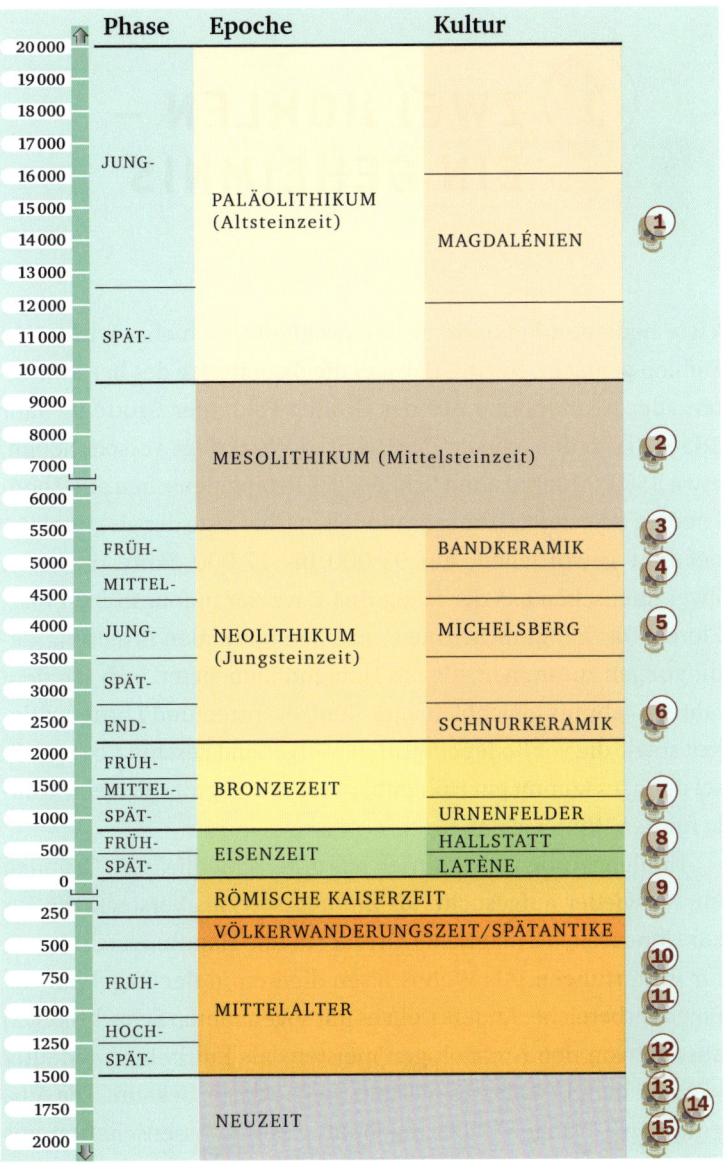

	Phase	Epoche	Kultur
20 000			
19 000		PALÄOLITHIKUM (Altsteinzeit)	
18 000			
17 000			
16 000	JUNG-		
15 000			
14 000			MAGDALÉNIEN
13 000			
12 000			
11 000	SPÄT-		
10 000			
9 000		MESOLITHIKUM (Mittelsteinzeit)	
8 000			
7 000			
6 000			
5 500	FRÜH-	NEOLITHIKUM (Jungsteinzeit)	BANDKERAMIK
5 000			
4 500	MITTEL-		
4 000	JUNG-		MICHELSBERG
3 500			
3 000	SPÄT-		
2 500	END-		SCHNURKERAMIK
2 000	FRÜH-	BRONZEZEIT	
1 500	MITTEL-		
1 000	SPÄT-		URNENFELDER
500	FRÜH-	EISENZEIT	HALLSTATT
0	SPÄT-		LATÈNE
250		RÖMISCHE KAISERZEIT	
500		VÖLKERWANDERUNGSZEIT/SPÄTANTIKE	
750	FRÜH-	MITTELALTER	
1000			
1250	HOCH-		
1500	SPÄT-		
1750		NEUZEIT	
2000			

1 2 3 4 5 6 7 8 9 10 11 12 13 14 15

1 ZWEI HÖHLEN – EIN GEHEIMNIS

Viele bedeutende Funde der Menschheitsgeschichte wurden in Höhlen gemacht, so zum Beispiel die Skelettreste des berühmtesten aller Neandertaler aus der Großen Feldhofer Grotte im Jahr 1856, die in den Wirren des Zweiten Weltkriegs verschollenen, etwa 350 000 Jahre alten Schädel des Pekingmenschen aus Zhoukoudian oder zuletzt die sensationellen Überreste der als „Hobbits" bekannt gewordenen, auf 95 000 bis 17 000 Jahre datierten Zwergmenschen aus der Liang Bua Cave der indonesischen Insel Flores. Das hängt nicht zuletzt mit den optimalen Erhaltungsbedingungen zusammen, die das Höhlenmilieu bietet, insbesondere jahrein, jahraus gleichbleibende Temperaturen und Luftfeuchtigkeit sowie die vor Bodeneingriffen weitgehend geschützte Lage. Es sei denn, es kommt ein Höhlenbär vorbei und gräbt sich eine Kuhle für den Winterschlaf.

Höhlen wurden und werden aus unterschiedlichsten Gründen immer wieder aufgesucht: als Zufluchtsort, als Versteck, als Tor zur Unterwelt, als magischer Ort für rituelle Handlungen, seltener für Bestattungen. Als Wohnstätten dienten in der Regel nur die Eingangsbereiche. Anders sieht es mit sogenannten Schachthöhlen aus, die von den Archäologen meistens als Kulthöhlen gedeutet werden. In Deutschland sind rund fünfzig davon bekannt. Die Ausgrabungen bringen dabei regelmäßig Hinterlassenschaften aus allen Epochen zutage.

Die Burghöhle Dietfurt – erst kamen die Raubgräber, dann die Archäologen

Dietfurt ist ein Teilort der Gemeinde Inzigkofen-Vilsingen im Kreis Sigmaringen. Unterhalb einer mittelalterlichen Burgruine durchstößt eine etwa vierzig Meter lange Tunnelhöhle den steilen Felsen von Ost nach West. Ein Zugang befindet sich etwa 25 Meter über der Talsohle, der zweite rund 16 Meter über der Donauebene. Doch die malerische Lage war nicht der Grund für die Schatzgräber, die Ende der 1970er, Anfang der 1980er Jahre die Höhle immer wieder heimsuchten. Die zwischen 1987 und 1996 von Wolfgang Taute und Franz Josef Gietz durchgeführten Ausgrabungen dienten schließlich der wissenschaftlichen Dokumentation, bevor alles durchwühlt war.

Im Bereich der östlichen Eingangshalle, die mit ihrem Vorplatz wohl auch der bevorzugte Aufenthaltsort aller Nutzer war, stießen die Archäologen auf eine Schichtenfolge, die vom Spätpaläolithikum über das Mesolithikum und die Jungsteinzeit bis ins späte Mittelalter reichte. Die ältesten Funde stammen aus dem Übergangshorizont zwischen den nach Fundstellen in Frankreich bezeichneten Kulturstufen des Spätmagdalénien und des Azilien. Neben zahlreichen Steinartefakten und möglicherweise rituell niedergelegten mittelsteinzeitlichen Schmuckstücken erregten die 1988 und 1991 unter der schräg überhängenden Felswand am nördlichen Rand der Grabungsfläche gefundenen Menschenknochen besondere Aufmerksamkeit: ein Oberkiefer, die zugehörigen Zähne, fünf aneinanderpassende Bruchstücke des Hinterhauptbeins sowie vier Fingerknochen. Auch für sie wird eine bewusste Deponierung angenommen.

Datierung (nicht) leicht gemacht

Von dem Oberkiefer und dem Schädelknochen wurden Proben genommen und per Radiokarbondatierung im Leibnitz-Labor für Altersbestimmung und Isotopenforschung der Christian-Albrechts-

Universität Kiel auf ein Alter von 12 210 +/– 60 BP bzw. 12 420
+/– 60 BP datiert. Die Abkürzung BP steht für *before present* (vor
heute), wobei „heute" per definitionem auf das Jahr 1950 festge-
legt ist. In früheren Jahrtausenden befand sich jedoch mehr radio-
aktiver Kohlenstoff in der Atmosphäre als vor 62 Jahren. Daraus
ergeben sich Korrekturfaktoren, die in der Jung- und Mittelstein-
zeit ca. 1000 Jahre, im Spätpaläolithikum und Magdalénien etwa
2000 und im Aurignacien etwa 4000 bis 5000 Jahre betragen. Die
entsprechende Anpassung der gemessenen Werte wird als Kalibration bezeichnet, und damit werden die beiden Daten zu 12 301
+/– 78 cal BC bzw. 12.581 +/– 84 cal BC. Das *cal* steht für die
vorgenommene Kalibration und BC für *before christ* (vor Christi
Geburt).

Will man sich auf heute beziehen und ein absolutes Alter an-
geben, müssten rund 2000 Jahre hinzugerechnet werden, und das
bedeutet: Die beiden Stücke aus der Burghöhle Dietfurt sind deutlich über 14 000 Jahre alt. Erdgeschichtlich gesehen werden sie in
eine Warmphase am Ende der Weichsel-Eiszeit gestellt, einen Kli-
maabschnitt, der bislang nach dem Ort Bølling auf Jütland als
Bölling-Interstadial, neuerdings nach einem spätpaläolithischen
Fundort in der Nähe von Hamburg Meiendorf-Interstadial genannt
wird. Der Oberkiefer und das Hinterhauptfragment gehören zwar
in dieselbe Zeitstufe, nach Meinung des Kieler Laborleiters Pieter
M. Grootes infolge des Altersunterschieds jedoch eher nicht zu ein
und derselben Person.

Die Knochen im Einzelnen

Die menschlichen Skelettreste wurden auf rund einem Quadratmeter verteilt angetroffen. Dabei lagen die Fragmente des Hinterhauptbeins sowie die beiden Oberkieferhälften mit drei Backen-
zähnen, die noch fest im Kiefer steckten, relativ eng beieinander
auf gleicher Höhe. Die restlichen zwölf Zähne fanden sich bis zu
dreißig Zentimeter tiefer im Sediment. Einer dieser Zähne wurde
etwa einen Meter vom Kiefer entfernt gefunden. Daraus lässt sich

schließen, dass bereits in alter Zeit Umlagerungen stattgefunden haben müssen, bei denen die Zähne aus ihren Zahntaschen fielen. Das tun sie in der Regel aber erst, wenn sich alle Weichteile aufgelöst haben, und das bedeutet wiederum, dass sich der Oberkiefer bei seiner Entdeckung nicht mehr in seiner ursprünglichen Position befand. Die Fingerknochen lagen nahe an der Höhlenwand.

Das *Os occipitale*, so die lateinische Bezeichnung für das Hinterhauptbein, ist insgesamt etwa zur Hälfte erhalten – unglücklicherweise aber keiner seiner natürlichen Ränder. Somit kann die Bestimmung des Sterbealters, die üblicherweise auf dem Verwachsungszustand der Schädelnähte beruht, nur annähernd erfolgen. Der Knochen ist vergleichsweise dünn, und das deutet auf eine jugendliche Person. Die auffallend schwach reliefierte Außenseite in dem Bereich, in dem die Nackenmuskulatur ansitzt, spricht eher für eine weibliche als für eine männliche. Dazu kommen Schnitt-, Kratz- und Schabespuren, die scharenweise oder einzeln und bis zu 14 Millimeter lang auf der gesamten Außenoberfläche zu finden sind.

Besonders erwähnenswert ist dabei ein Bündel von fast einem Dutzend Schnitten auf einer Fläche von nur ein bis zwei Quadratzentimetern im tiefen Nackenbereich, und zwar dort, wo bei einem Lebenden die Rücken- sowie die kurzen Nacken- und Kopfgelenkmuskeln angeheftet sind. Dabei handelt es sich um den *Musculus semispinalis capitis*, den *Musculus rectus capitis posterior major* und dessen nicht weniger kompliziert benannte Nachbarn, die für die Drehung, Neigung, Beugung und Streckung des Kopfes zuständig sind. Medizinstudenten müssen alle diese Namen auswendig lernen, um den Präparierkurs zu bestehen.

Der Oberkiefer ist nahezu vollständig erhalten. Es fehlen lediglich das Verbindungsstück zum Nasen- und Stirnbein auf der linken Seite, die Teile, die den Anschluss zu den Jochbeinen herstellen, und das Gaumenbein. Die Zahnreihe weist eine Lücke auf, und zwar an der Position, die der Zahnarzt als Zahn 15 bezeichnet. Dieser war bereits zu Lebzeiten ausgefallen. Beide Weisheitszähne sind vorhanden und vollständig ausgebildet. Ansonsten lassen

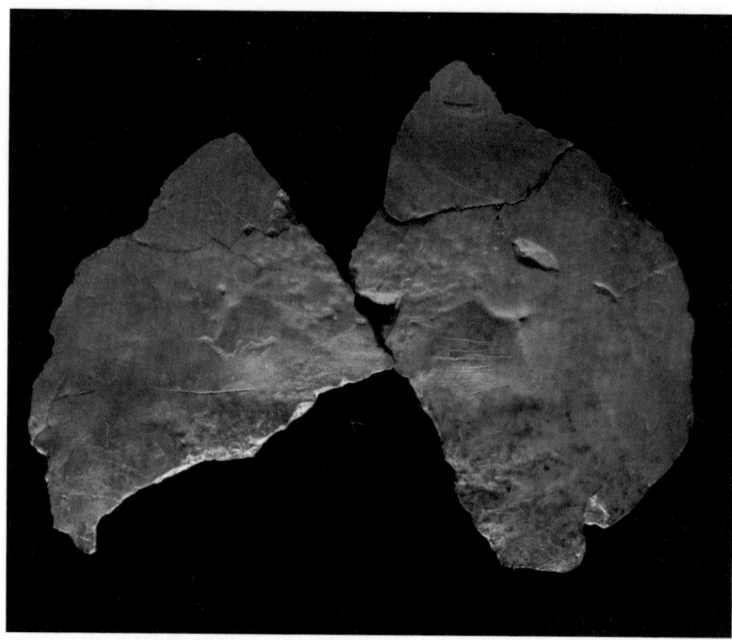

Burghöhle Dietfurt. Mehrere Schnittspuren am Hinterhauptbein einer eher weiblichen Jugendlichen dürften bei der Abtrennung der Nackenmuskulatur mit Hilfe einer Silexklinge entstanden sein.

sich Anzeichen einer leichten Parodontose sowie schwacher Zahnsteinansatz erkennen. Hinzu kommen minimale Hinweise auf Wachstumsstörungen in der Kindheit, aber auffallend starke Abnutzungen im Bereich der Schneide- und Eckzähne, die auf einen Einsatz des Gebisses bei handwerklichen Tätigkeiten zurückgehen. Alles in allem dürfte der Kiefer einer erwachsenen, maximal dreißig- bis vierzigjährigen Person zuzuschreiben sein, die weder besonders klein noch besonders groß war. Ob Mann oder Frau, ließe sich wohl nur durch eine DNA-Analyse klären. Bis zu zwölf Millimeter lange Kratzspuren und kleinere Ausbrüche am Rand der knöchernen Nasenöffnung deuten auch hier auf Manipulationen. Die Fingerknochen liefern keine zusätzlichen Indizien. Sie stammen von einer jugendlichen oder älteren, möglicherweise dritten Person.

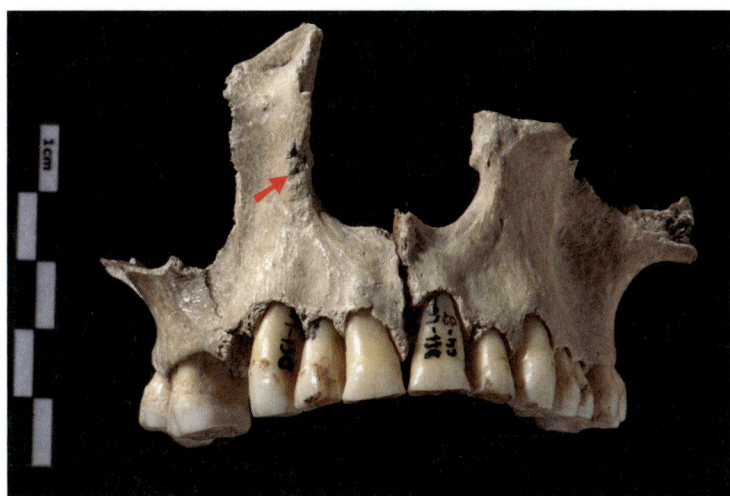

Burghöhle Dietfurt. An dem isoliert gefundenen Oberkiefer eines Erwachsenen sind Beschädigungen im Randbereich der Nasenhöhle zu erkennen. Sie könnten auf ein spezielles Bestattungsritual hindeuten.

Was die Spuren sagen

Schaut man sich die vorgefundenen Defekte unter dem Mikroskop an, können sie mehrheitlich auf die Verwendung von Steinklingen zurückgeführt werden. Es steht somit außer Zweifel, dass an diesen Skelettelementen von Menschenhand manipuliert wurde. Als plausibelste Deutung erscheint im vorliegenden Fall: Die festgestellten Schnittspuren im Ansatzbereich der tiefen Nackenmuskulatur lassen sich – nach Durchtrennung der darüberliegenden Weichgewebe – mit der Intention vereinbaren, den Kopf von der Wirbelsäule abzusetzen. Es handelt sich nicht um Spuren einer Abtrennung der Kopfhaut – ein wichtiges Ergebnis, denn diese Erklärung war bislang von den Archäologen favorisiert worden. Schnittmarken, die auf Skalpierung zurückgehen, sind in der Regel deutlich länger und treten nicht bündelweise auf. Wir haben es bei den Funden aus Dietfurt also mit einem Ritual zu tun, im Rahmen dessen zunächst der Kopf vom Rumpf getrennt wurde. Die Spuren oberhalb des Nackenmuskelfeldes und im Gesichtsbereich könnten bedeuten, dass man in einem zweiten Schritt versuchte, die noch anhaftenden Weichteile zu entfernen.

Ein anderes Detail entzieht sich bislang jedoch einer klaren Interpretation: Die Bruchkanten des Hinterhauptfragments sind fast durchgehend in sprödem Zustand des Knochens entstanden. Das würde mit Verlagerungen korrespondieren, die stattfanden, nachdem der Knochen schon länger in der Erde gelegen hatte. Der rechtsseitige Rand erscheint im Vergleich zu den übrigen Abschnitten verrundet. Das könnte bedeuten, dass das Stück als Artefakt verwendet wurde, vielleicht als Schaber. Das wiederum würde erklären, warum die natürlichen Randbegrenzungen nicht mehr erhalten sind.

Gänzlich ungeklärt bleibt dagegen die Todesursache der zwei oder drei Jungpaläolithiker, deren Überreste im Eingangsbereich der Burghöhle geborgen wurden.

Abfälle der Trinkschalen-Herstellung?

Menschliche Schädeldächer, die zu Trinkschalen umgearbeitet wurden, kennt man aus Tibet und anderen Teilen der Welt oder aus historischen Überlieferungen. Es handelt sich dabei um Zeremonialgefäße. Inwieweit man das auf vorgeschichtliche Funde übertragen kann, muss in jedem einzelnen Fall diskutiert werden, zumal dann, wenn nur ältere Beschreibungen vorliegen. Allein das Fehlen bestimmter Teile der Schädelbasis oder die – möglicherweise unter natürlichen Bedingungen zufällig entstandene – gefäßähnliche Form einer Schädelkalotte genügt noch nicht, um dahinter eine Absicht zu sehen. Es müssen eindeutige Zurichtungsspuren erkennbar sein. Ein interessantes Beispiel dafür ist die als etwa gleichaltrig mit den Dietfurter Schädelteilen eingestufte Kalotte eines älteren Mannes vom Röthekopf bei Bad Säckingen, die 1920 ausgegraben wurde. Sie vermittelt den Eindruck eines Gefäßes. In einer sehr detaillierten Beschreibung von Kurt Gerhardt wurde sie 1977 als „Opfer- oder Spendenschale" bezeichnet, während bei einer jüngst durchgeführten Nachuntersuchung keine eindeutigen Manipulations- oder Abnutzungsspuren festgestellt werden konnten. Lediglich ein größerer Defekt in der Stirnmitte lässt sich wohl auf Gewalteinwirkung am frischen Knochen zurückführen, eventuell einen Schlag, der den Tod des Mannes zur Folge hatte. Neuere ^{14}C-Daten lassen nun allerdings Zweifel ob des jungpaläolithischen Alters dieses Fundes aufkommen.

Ein bis ins Detail nahezu identisches Stück ist in einem römischen Brunnen in Pforzheim gefunden worden. Deutlich älter – ca. 20 000 Jahre – sind wiederum zwei „Schädelbecher" aus der Höhle Le Placard bei Vilhonneur (Frankreich), von denen leider nur Zeichnungen existieren. Ebenfalls als magdalénienzeitlich gelten 38 kleinteilige, über und über mit Kratz- und/oder Schnittspuren versehene Knochenfragmente aus der Brillenhöhle bei Blaubeuren, wobei der vorhandene Kalottenrest im Rahmen einer Sekundärbestattung als Behälter für die übrigen Stücke gedient haben könnte.

Gough's Cave – Schädelbecher für rituelle Zwecke

Der Südwesten Englands war schon früh im Blickfeld der Urgeschichtsforscher, unter anderem im Zusammenhang mit dem rund 10 000 Jahre alten Cheddar Man aus Somerset, dessen nahezu komplett erhaltenes Skelett 1903 gefunden wurde. Er wurde wahrscheinlich erschlagen, aber noch heute leben Menschen in der Region, die denselben mtDNA-Haplotyp aufweisen. Neues Licht auf die Schädelreste aus Dietfurt werfen seit kurzem Funde aus der ebenfalls in der Cheddar-Schlucht in den Mendip Hills gelegenen Gough's Cave, die an und für sich gar nicht neu sind. Neben Schädelteilen, die bereits in den 1920er Jahren entdeckt wurden, sind nun weitere, 1987 zusammen mit zahlreichen Tierknochen ausgegrabene Stücke genauer analysiert worden.

Die tierischen Überreste stammen in der Mehrzahl von Wildpferd und Rothirsch, doch sind auch Wolf, Braunbär, Saigaantilope und andere Spezies vertreten. Dabei handelt es sich eindeutig um Speiseabfälle mit charakteristischen Schlachtspuren. Daneben fanden sich für das Magdalénien typische Feuersteingeräte, die

von den Spezialisten dem Technokomplex des Creswellian zugeordnet werden, sowie kunstvolle Artefakte aus Rentiergeweih und
Mammutelfenbein. Unter den menschlichen Skelettresten dominieren Schädelteile. Es handelt sich alles in allem um 41 Stücke,
dazwischen drei mehr oder weniger komplett erhaltene Schädeldächer und vier Unterkieferfragmente, die von fünf bis sieben Personen – mindestens einem Kleinkind, zwei Jugendlichen sowie
einem jüngeren und einem älteren Erwachsenen – stammen und
auf ein Alter von 14 700 cal BP datiert wurden. Sie sind damit nur
unwesentlich älter als das Hinterhauptbein aus Dietfurt.

An den Menschenschädeln aus der Gough's Cave finden sich
zahllose unterschiedliche Spuren, die auf spezifische Manipulationen zurückgehen, allerdings keine Traumata, die auf die Tötung
der Individuen hindeuten würden. Am häufigsten sind Schnittker-
ben von Steinklingen nachzuweisen. Dazu kommen Läsionen, die
beim Schaben entstanden, und Ausbrüche, die von kleinen, punk-
tuell gesetzten Stößen herrühren. Die Schnittdefekte liegen aus-
nahmslos auf der Außenseite der Schädel. Feuereinwirkung ist
nicht nachweisbar. Das gesamte Spurenbild dokumentiert nach
Meinung von Silvia M. Bello vom Department of Palaeontology des
National History Museum in London und ihren Kollegen eine mehr-
stufige Behandlung:

1. Abtrennen des Kopfes, wie Schnitte im Bereich der Schädelbasis und an vorhandenen Halswirbeln belegen – 2. Auslösung des
Unterkiefers, unter anderem an Kratzern und Schrammen an den
Zähnen erkennbar – 3. Entfernung der großen Kaumuskeln *Musculus temporalis* und *Masseter* – 4. Entfernung anderer Weichgewebe wie Lippen, Ohren, Zunge, Auslösen von Augen und Wangen – 5. Beseitigung von Skalp und Kopfschwarte, durch Schnitte
an den Scheitelbeinen und am Hinterhauptbein nachweisbar –
6. die systematische Entfernung von Gesichtsschädel und Schädelbasis und schließlich – 7. Bearbeitung der umlaufenden Bruchkanten des verbliebenen Hirnschädels, um dessen Ränder regelmäßig
zu gestalten. Am Ende stehen in der südenglischen Höhle drei von
jeglichen Weichteilen befreite und nach Ansicht der Autoren am

ehesten als Trinkgefäße verwendete Schädelschalen sowie die restlichen Knochenteile quasi als Produktionsabfall.

Menschenopfer am Ende der Eiszeit?

Die Bearbeiter selbst stellen das Ganze in einen kultischen Kontext, grenzen sich jedoch von reinem Nahrungskannibalismus ab, da die Schädel nicht einfach zerschlagen, sondern sorgfältig mit großem Geschick und anatomischen Kenntnissen präpariert worden seien. Andere Fachleute möchten rituellen Kannibalismus nicht ausschließen. Die Presse ist weniger zurückhaltend: Da wird schon mal das Trinken von Menschenblut propagiert und bildlich in Szene gesetzt. Wie plausibel diese oder jene Deutung ist, wird sicherlich noch für manche Diskussion sorgen. Die Ränder der Kalotten weisen zwar kleine, aber immer noch scharfkantige, unregelmäßig gezackte Ränder auf – es dürfte unangenehm sein, daraus zu trinken. Man fragt sich auch, warum die Teile des Gesichtsschädels so

Gough's Cave. Die knapp 15 000 Jahre alte Schädelkalotte eines Mannes weist zahlreiche Bearbeitungsspuren auf und wird als Schale gedeutet, die im Rahmen kultischer Handlungen Verwendung fand.

akribisch von Weichgewebe gesäubert wurden, wenn dieser Abschnitt des Schädels später sowieso keine Rolle mehr spielte? Eine der Schalen wurde aus dem Schädel eines etwa dreijährigen Kindes angefertigt. In diesem Alter sind die Schädelnähte noch nicht verwachsen, das Gefäß also undicht, und die Stärke der Wandung beträgt nur etwa drei Millimeter. Die passende Flüssigkeitsmenge von 0,8 bis einem Liter würde es beim Gebrauch alsbald sprengen.

Zudem wäre zu erörtern, welchem Personenkreis eine solche Prozedur widerfahren ist. Angehörigen einer fremden, rivalisierenden Sippe? Allen oder nur ausgesuchten Mitgliedern der eigenen Gruppe? In der Gough's Cave offenbar zwei Erwachsenen, einer davon vielleicht männlich, und besagtem Kind. Wenn aber Kleinkinder vertreten sind, dürfte es sich kaum um Schamanen, Heilerinnen, Älteste, Häuptlinge oder sonstige Protagonisten der Gemeinschaft handeln. Könnten es Menschenopfer im Rahmen eines Jagdzaubers gewesen sein? Den Menschen war bewusst, wie wichtig Kinder für das Überleben der Gruppe sind. War das Ganze eine einmalige Angelegenheit in einer Krisensituation oder ein gängiger Brauch? Könnten die fehlenden Abnutzungsspuren darauf hindeuten, dass die Anfertigung der Schädelschalen das Entscheidende war und nicht deren Verwendung nach dem Motto „Der Weg ist das Ziel"? Könnte es sein, dass die Schalen gar nicht zur Aufnahme von Flüssigkeiten gedacht waren? Vielleicht sollten Sammelfrüchte oder Ähnliches dargeboten werden? Und trotz fehlender Tötungsspuren ist nicht gänzlich auszuschließen, dass die betroffenen Personen gewaltsam ums Leben kamen. Wie so oft in der Archäologie wirft auch dieser Fund mehr Fragen auf, als er beantwortet.

Zu den etwa neunhundert Kilometer entfernt gefundenen Skelettresten aus der Burghöhle Dietfurt lassen sich durchaus Ähnlichkeiten erkennen, gewisse Parallelen sind zu erahnen. Das ist nicht verwunderlich, da beide Funde aus dem Jungpaläolithikum stammen, lediglich ein- bis zweihundert Jahre auseinanderliegen und in einen Kontext mit etwa einem Dutzend anderer Fundorte mit vermutlich manipulierten Menschenknochen aus Frankreich und Süddeutschland zu stellen sind. Ein kultureller Austausch wäre möglich gewesen. Der Ärmelkanal und der südliche Teil der Nordsee waren damals noch trockenen Fußes zu durchqueren. Die Menschen lebten in einem gemäßigt kontinentalen Klima mit Jahresdurchschnittstemperaturen von deutlich über null Grad. Kiefernwälder breiteten sich aus, und anstelle von Rentieren standen jetzt immer häufiger Hirsch, Reh und Wildschwein auf dem Speiseplan. Die Rituale, die sich tatsächlich hinter den menschlichen Knochenfunden verbergen, werden sich uns aber möglicherweise niemals zu erkennen geben.

EIN GANZ SPEZIELLES OPFERRITUAL

Als Menschen, die in Industrieländern leben, sind wir von unseren Ressourcen hochgradig abhängig. Kaum jemand kann sich die Probleme unserer Vorfahren, die vor Tausenden von Jahren unterwegs waren, realistisch vorstellen – ohne Kunststoff und Metall, ohne feste Unterkunft mit Strom, Heizung und Wasserspülung, ohne Supermärkte und den hohen Grad an Mobilität, den wir als selbstverständlich erachten. Anders als sogenannte Naturvölker hätte der gemeine Mitteleuropäer kaum eine Chance, auf sich gestellt in der Natur zu überleben. Noch schwieriger ist es, die Gedankenwelt oder die religiösen Vorstellungen dieser Menschen begreifen und aus spärlichen Sachhinterlassenschaften herauslesen zu wollen. Sogar Ethnologen tun sich bisweilen schwer, magische Vorstellungen nachzuvollziehen und Rituale zu verstehen, die sie unmittelbar beobachtet haben.

Trotzdem schlummern in jedem von uns archaische Verhaltensweisen, unbewusste Re-Aktionen, quasi Jahrhunderttausende alte Reflexe auf Schlüsselreize wie in lebensbedrohlichen Situationen – flüchten oder kämpfen? – oder bei der Partnerwahl.

Insofern liegt man mit dem berühmten „gesunden Menschenverstand" meist gar nicht so weit daneben. Man muss sich lediglich vor zwei Dingen hüten: der romantischen Verklärung naturnah lebender Gesellschaften und der fast schon standardmäßig kultischen Deutung von Phänomenen, für die man zunächst keine anderweitig plausible Erklärung findet. Dieses Kapitel ist geradezu ein Paradebeispiel für das Spannungsfeld zwischen Fakten und Interpretationen.

Das Mesolithikum – Zeit des Übergangs

Die mittlere Steinzeit beginnt etwa um 9600 v. Chr. Sie ist archäologisch unter anderem durch sogenannte Mikrolithen charakterisiert, winzige Abschläge aus Feuerstein, die aneinandergereiht zu größeren Schneiden zusammengesetzt werden konnten. Sie dauerte im südlichen Mitteleuropa bis ca. 5500 v. Chr. Im Norden ließen sich die Menschen bis etwa 4300 v. Chr. Zeit, bis sie endgültig sesshaft wurden. Die Mesolithiker lebten zwar vom Sammeln und Jagen, doch sie besaßen bereits Boote, die Fischfang und Handel und damit auch einen kulturellen Austausch über größere Distanzen erlaubten. Hinsichtlich ihres Bestattungsrituals lassen sich sehr unterschiedliche Formen feststellen: Es gibt Körpergräber in primärer Lage, Sekundär-, Mehrfach-, Brand- und Teilbestattungen, wobei regional und chronologisch deutliche Unterschiede fassbar werden. Auch die Beisetzung von Hunden ist keine Erfindung verklärter Tierliebhaber der Neuzeit. Zudem variieren die Lage der Gräber, ihre Form, die Ausstattung der Toten sowie deren Orientierung und Zusammensetzung nach Alter und Geschlecht erheblich. In manchen Gegenden werden noch Traditionen der ausgehenden Altsteinzeit weitergepflegt, in anderen sind schon bald eher jungsteinzeitlich anmutende Praktiken zu erkennen.

„... wie Eier in einem Korb"

So beschrieb der Ausgräber Robert R. Schmidt seinen spektakulären Fund von Menschenschädeln in der Großen Ofnet-Höhle bei Holheim im Landkreis Donau-Ries (Bayern) im Jahr 1908. Direkt unter dem über sechs Meter breiten Hauptzugang der Höhle gelegen, war er in 85 Zentimeter Tiefe auf zwei Deponien mit Schädeln gestoßen, allesamt nach Westen orientiert und zwischenzeitlich auf ein Alter von rund 7500 Jahren BP datiert. Es handelte sich um flache, rundliche Mulden mit einem Abstand von rund einem Meter zueinander und Durchmessern von 76 bzw. 45 Zentimetern. Sie sind der siebten von insgesamt neun von unten nach oben durchnummerierten Schichten zuzuordnen, die Ablagerungen vom Aurignacien bis ins Mittelalter enthalten. Das die Schädelsetzungen unmittelbar umgebende Erdreich war mit Rötel, Holzkohle und verbrannten Knochenresten vermischt. In anatomisch korrekter Lage zu den zwar stark zerdrückten, aber in ihrer Substanz ziemlich gut erhaltenen Kalvarien fanden sich die zugehörigen Unterkiefer und Halswirbel. Es besteht also kein Zweifel daran, dass man hier zuvor abgetrennte Köpfe im Weichteilverband niedergelegt hatte. Direkt dabei lagen mehr als viertausend durchbohrte Schneckenhäuser und über zweihundert Hirschgrandeln, die als Schmuckbeigaben gedeutet werden, einige Silexklingen

Große Ofnet-Höhle. Das größere der beiden 1908 gefundenen Schädelnester barg die Überreste von mehr als zwei Dutzend Männern, Frauen und Kindern. Einige davon waren mit durchbohrten Hirschzähnen und Schneckenhäusern versehen worden.

und zwei Knochenpfrieme sowie Knochenbruchstücke vom Rothirsch, Elch, Wildschwein, nordischem Vielfraß und Löwen. In dem größeren der beiden Schädelnester zählten die Archäologen 27, im kleineren sechs Schädel. Spätere Bearbeiter – inzwischen haben sich mehr als ein halbes Dutzend Anthropologen und Zahnmediziner mit dem Material beschäftigt – sprechen von insgesamt 34 oder gar 38 Personen, je nachdem, wie kleinere Fragmente zugeordnet werden. Das Altersspektrum der Schädel reicht von einem Neugeborenen oder wenige Monate alten Säugling bis zu einer als sechzigjährig oder älter eingestuften Frau, wobei die von den beteiligten Spezialisten mitgeteilten individuellen Altersdiagnosen bei den Erwachsenenschädeln manchmal bis zu zwanzig Jahre und mehr divergieren. Hinsichtlich der vertretenen Altersgruppen repräsentieren Kinder bis zum Alter von zehn Jahren mit Abstand den Hauptanteil des gesamten Ensembles. Sie stellen mehr als die Hälfte aller Schädel. Unter den Jugendlichen und Erwachsenen dominieren die Frauen gegenüber den Männern im Verhältnis 2:1, so dass man alles in allem eine Vorauswahl annehmen kann. Der etwa siebenjährige Knabe Nr. 7 scheint einen Wasserkopf gehabt zu haben. Ansonsten wurden an den Kranien keine nennenswerten pathologischen Veränderungen festgestellt, dafür aber zahlreiche Spuren von Gewalt.

Aus dem gesamten Kontingent sollen acht (vier Männer, eine Frau, drei Kinder), nach einer früheren Untersuchung 18 (fünf Männer, drei Frauen und zehn Nichterwachsene) Individuen mehrheitlich durch Beilhiebe, seltener durch Schläge mit Keulen oder anderen Gegenständen mit stumpfer Einwirkungsfläche attackiert oder getötet worden sein. Das zeigt, wie schwierig die Beurteilung solcher Befunde sein kann, wenn das Knochenmaterial nur bruchstückhaft überliefert ist. Zumindest ein Teil der Verletzungen scheint mit dem Querschnitt zeitgenössischer Steinbeile zu korrespondieren, und nach beiden Zählungen sind mehr Männer als Frauen betroffen, obwohl die Männer insgesamt in der Minderheit sind. Die Defekte – bis zu sieben Stück allein bei dem zwanzig- bis dreißigjährigen Mann Nr. 21 – finden sich häufiger auf der rechten

als auf der linken Seite und häufiger am Hinterkopf als im Stirn-
bereich. Die meisten der Betroffenen dürften also von hinten erschlagen worden sein. Speziell bei den mehrfach traumatisierten
Opfern wäre es interessant, die Täter-Opfer-Geometrie zu rekonstruieren, um sich die gesamte Szenerie besser vorstellen zu können
oder zu erkennen, ob sie vielleicht mit mehreren Angreifern gleichzeitig konfrontiert waren.

Aus beiden Schädelnestern zusammengenommen sind insgesamt 82 Halswirbel von mindestens 26 Individuen überliefert. Bei
zehn davon, die zu neun Personen gehören, fanden sich bis zu
fünf Schnittspuren von Steinklingen, die eindeutig belegen, dass
die Köpfe vom Rumpf abgesetzt wurden. Dabei wurden die aller-
meisten Schnitte mehr oder weniger senkrecht zur Körperlängsachse und von der Vorderseite her ausgeführt. Jeder, der schon
einmal ein Tier zerwirkt hat, weiß, dass eine Schnittführung vom
Nacken her wenig zielführend ist, da die rückwärtigen Teile der
Wirbel ineinandergreifen und sich dachziegelartig überlappen.
Man kann den Kopf eines Tieres also am einfachsten abtrennen,
indem man ihn nach hinten zieht, den Hals überstreckt und auf
diese Weise die Zwischenwirbelspalten verbreitert, um das
Schneidewerkzeug hineinzuführen. Gleiches gilt für den menschlichen Körper.

Fragen über Fragen

Während die meisten Autoren davon ausgehen, dass die Schädelnester in der Ofnet-Höhle über einen längeren Zeitraum sukzessi-
ve belegt wurden, vermutet David W. Frayer von der University of
Texas, dass es sich um Opfer eines Massakers handelt. Die demographische Zusammensetzung des vorgefundenen Kollektivs
spricht eher dagegen. Zumindest lassen die Schmuckbeigaben eine
gewisse Achtung und Pietät gegenüber den beigesetzten Köpfen
erahnen. Solche Accessoires kommen bei Männern, Frauen und
Kindern vor und waren in einigen Fällen womöglich auf einer Hau-
be oder Ähnlichem aufgenäht. Was mit den restlichen Körpern

geschah, wissen wir nicht. Einige Fachleute meinen deren Überreste in den vorgefundenen Brandknochen zu erkennen.

Unbestritten ist, dass die Menschen wohl alle gewaltsam ums Leben kamen, doch über das Motiv können wir nur spekulieren: Sind sie dem Überfall einer fremden Sippe zum Opfer gefallen und aufgrund des unnatürlichen Todes von Angehörigen dieser besonderen Behandlung unterzogen worden? Wurden sie von den eigenen Leuten vielleicht als Opfer gezielt getötet, und wenn ja, weswegen? Könnte sich dahinter ein Abwehrzauber gegen böse Geister verbergen? Oder wurden Mitglieder eines anderen Clans geopfert? In Anlehnung an völkerkundliche Parallelen käme Kopf- oder Ahnenkult in Betracht, wobei zu Letzterem die große Zahl von Kindern nicht passen würde. Und Kopfjagd? Auch ohne die Vorstellungswelt der Beteiligten näher zu kennen, dürfte es wohl keine besondere Leistung gewesen sein, ein Kleinkind zu töten. Dass Männer in den Schädelnestern der Großen Ofnet-Höhle deutlich unterrepräsentiert sind, ist jedoch ein Völkerkundlern nicht unbekanntes Phänomen: In Trophäensammlungen von Kopfjägern finden sich ähnliche Verteilungen. Kinder und Frauen sind zweifellos leichter zu überwinden – allerdings wertvoll für den Fortbestand einer Sippe und vielleicht gerade aus diesem Grund bevorzugt ausgesucht worden!?

Doch nicht nur dieser Aspekt weist die vorliegenden Kopfbestattungen als rituell motiviert aus. Die Tatsache, dass im gesamten Höhlenbereich keine entsprechende Kulturschicht gefunden wurde, zeigt: Die Mesolithiker haben hier nicht gewohnt, sondern diesen Ort offenbar ausschließlich zu kultischen Zwecken aufgesucht. Die Verwendung von Rötel war auch bei „normalen" Körpergräbern Teil ihrer Bestattungskultur.

Zur gleichen Zeit im Südwesten ...

Aus Baden-Württemberg ist ein in vielen Details identischer Fund bekannt. Knapp dreißig Jahre nach den Ofnet-Schädeln kam in einer Entfernung von nur wenig mehr als dreißig Kilometern in der

Stadelhöhle des Hohlensteins bei Asselfingen, Alb-Donau-Kreis, im Lonetal eine weitere mesolithische Kopfbestattung zutage. Einer Radiokarbondatierung zufolge ist sie über dreihundert Jahre älter als die bayerischen Schädelnester. Zudem barg diese Höhle noch eine Reihe weiterer archäologischer Sensationen: den versteinerten rechten Oberschenkelknochen eines Neandertalers, den einzigen Beleg dieser Spezies in Südwestdeutschland überhaupt, die sogenannte Knochentrümmerstätte mit über 1200 Skelettteilen von mehr als fünfzig Personen aus der Zeit um 4300 v. Chr. sowie die knapp dreißig Zentimeter große aus Elfenbein geschnitzte und über 30 000 Jahre alte Löwenmenschfigur, die zu den frühesten künstlerischen Darstellungen der Menschheit weltweit zählt und von der erst kürzlich noch einige passende Splitter im Grabungsschutt von 1939 entdeckt wurden.

Vater, Mutter, Kind – getötet und geköpft

Im Sommer 1937 stießen die Ausgräber im Eingangsbereich der Höhle auf drei bestens erhaltene Schädel. Die Köpfe waren offenbar aufrecht stehend, quasi in Tuchfühlung zueinander und alle mit Blick nach Südwesten – ins Höhleninnere – in eine enge Grube eingebracht worden. Auch hier fanden sich die jeweils passenden Unterkiefer und oberen Halswirbel im anatomischen Verband. Daraufhin wurden der Anatom Robert Wetzel und der Anthropologe Wilhelm Gieseler hinzugezogen. Die Schädel ließen sich einem 25- bis 30-jährigen Mann, einer 20- bis 25-jährigen Frau sowie einem eineinhalb- bis zweijährigen Kind zuordnen.

Die Zähne des Mannes sind auf den Kauflächen nur schwach abgenutzt, die oberen Schneidezähne der Frau leicht verrundet, was darauf hinweisen könnte, dass sie ihr Gebiss bei der Zurichtung von Leder oder Ähnlichem verwendete. Beide liefern nur geringe Hinweise auf frühere Mangelsituationen, aber sie hatten des Öfteren Zähes zu kauen. Die Milchzähne des Kindes sind noch wie neu, so dass man annehmen kann, dass es – wenn überhaupt – erst kurze Zeit vor seinem Tod abgestillt worden war. Der Anthropologe

Hohlenstein-Stadel. Die Köpfe von Vater, Mutter und Kind waren eng beieinander in aufrechter Position in die Grube eingelassen worden. Hier eine
Rekonstruktion mit den Originalfunden.

Alfred Czarnetzki entdeckte beim Röntgen des Kinderschädels Anzeichen für einen Wasserkopf. Verschiedene anatomische Varianten
sowie die Form der Stirnhöhlen, die im Computertomographen
erfasst wurden, weisen die drei Personen zudem als Kernfamilie
aus. Der endgültige Beweis dafür wäre jedoch nur mit Hilfe eine
DNA-Analyse zu erbringen.

Wie bei den Ofnet-Funden finden sich diverse Spuren von Gewalteinwirkung: Sowohl der Männer- als auch der Frauenschädel
weisen im linken Stirn-Scheitel-Bereich weiträumige Defekte mit
typischen Bruchlinien auf. Die Verletzungen liegen – wie der Gerichtsmediziner sagen würde – im Grenzbereich zwischen lokaler
Einwirkung und Schädelzertrümmerung und lassen sich beide auf
einen wuchtigen Schlag mit einem stumpfen Gegenstand mit relativ großer Einwirkungsfläche – einer Keule oder Ähnlichem –
von vorn oben links her zurückführen. Es könnte sogar sein, dass
Mann und Frau mit derselben Waffe erschlagen wurden. Ihre Verletzungen hätten sie auch mit heutigen medizinischen Möglichkeiten kaum überleben können. Das Schädeldach des Kindes ist

altersbedingt zu dünn, als dass man die Bruchprofile der Frakturen eindeutig beurteilen könnte. Es ergibt sich kein eindeutiges
Verletzungsbild. Wir können also nicht sagen, wie es zu Tode
kam.

Die jeweils untersten Wirbel der beiden Erwachsenen zeigen –
zum wiederholten Mal vor allem auf der Vorderseite – Schnittker-
ben und Fehlstellen, die von Silexklingen stammen. Lage und Ausrichtung der Schnittspuren sprechen im vorliegenden Fall für einen
rechtshändigen Täter. Bei einem Angriff von vorn sind auch die
Schlagverletzungen auf einen Rechtshänder zurückzuführen. Die
Halswirbel des Kindes waren für einige Jahrzehnte verschollen und
wurden erst 2003 wiederentdeckt. Sie lassen keine instrumentell
verursachten Läsionen erkennen. Vom untersten Halswirbel fehlt
der Wirbelkörper, der in diesem Alter noch nicht mit dem Wirbel-
bogen verwachsen ist, was Anlass zu der Vermutung gibt, dass hier
nicht über den vollen Halsquerschnitt geschnitten, sondern vielleicht nur umlaufend geritzt und der Kopf des Kindes dann mit
roher Gewalt abgerissen wurde. Bemerkenswert ist zudem, dass
von keinem der drei Personen das Zungenbein gefunden wurde.
Dieser Knochen sitzt oberhalb des Kehlkopfes etwa vor dem dritten
bis vierten Halswirbel und stützt die Zungenmuskulatur. Die
Weichteile des Halses wurden demnach nicht waagerecht
von vorn nach hinten durchtrennt. Die Schnittführung erfolgte
zunächst entlang der Unterseite des Unterkiefers und dann von
schräg vorn oben auf die Halswirbelsäule zu.

Aufwändig in eine Grube gebettet ...

Die Grube, die für die drei Köpfe angelegt worden war, maß im
Durchmesser 35 bis 45 Zentimeter und war siebzig Zentimeter tief.
Die Archäologen fanden darin drei Lagen größerer Steine, jeweils
durch kleinstückige Zwischenschichten voneinander getrennt – ein
Alleinstellungsmerkmal für die Kopfbestattung vom Hohlenstein.
Unmittelbar auf dem oberen Steinpflaster lagen die Schädel, ein-
gebettet in Rötel und überdeckt von einer mit Holzkohle durchsetz-

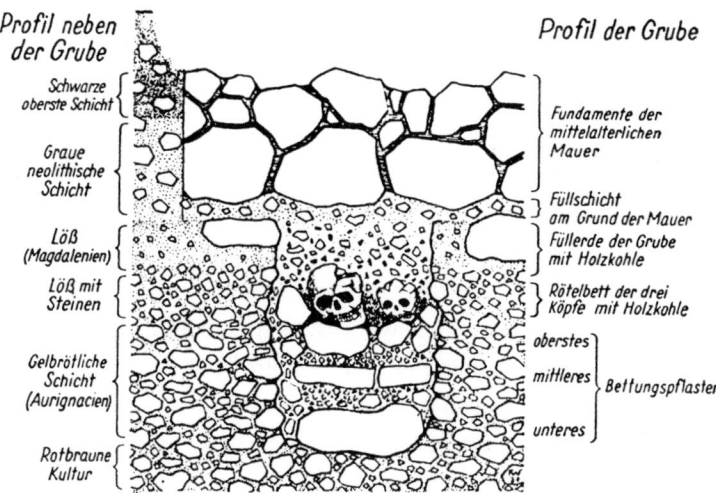

Profil neben der Grube

Schwarze oberste Schicht

Graue neolithische Schicht

Löß (Magdalenien)

Löß mit Steinen

Gelbrötliche Schicht (Aurignacien)

Rotbraune Kultur

Profil der Grube

Fundamente der mittelalterlichen Mauer

Füllschicht am Grund der Mauer

Füllerde der Grube mit Holzkohle

Rötelbett der drei Köpfe mit Holzkohle

oberstes

mittleres

unteres

Bettungspflaster

Hohlenstein-Stadel. Halbschematisches Profil der Grube mit den mesolithischen Schädeln und den drei „Bettungspflastern" im Bereich des Höhleneingangs aus der Originalpublikation von 1938.

ten Schicht. Wie konnte eine solch enge Grube mit damaligen Mitteln ausgehoben werden? Es gab noch keine Erdbohrer, und wer selbst schon einmal einen Baum gepflanzt hat, weiß, wie schwierig es ist, mit einem Spaten in die Tiefe zu kommen, ohne ständig den oberen Rand des Erdlochs erweitern zu müssen – ein gestieltes Arbeitsgerät hilft also auch nicht viel weiter. Dem damaligen Totengräber diente wahrscheinlich ein Schulterblatt oder der Beckenknochen eines Jagdtiers als Grabwerkzeug. Er müsste allerdings, um im unteren Bereich der Grube hantieren zu können, auf dem Bauch oder auf der Seite liegend gearbeitet haben.

Für mesolithische Männer kann eine mittlere Körperhöhe von 1,62 Meter angenommen werden. Die sogenannte funktionelle Armlänge ließe sich dann auf etwa 62 Zentimeter schätzen. Hiervon müssten zum Greifen eines Gegenstands wiederum einige Zentimeter abgezogen werden. Das ist knapp, es sei denn, der Mann war größer als der Durchschnitt seiner Zeitgenossen. Dann hätte er längere Arme gehabt. Auch die Breite der Grube lässt nicht viel Spielraum. Besagter Durchschnittsmesolithiker hätte eine bideltoidale Schulterbreite von etwa 45 Zentimetern, was exakt der von den Ausgräbern ermittelten Grubenbreite entspricht – quasi dem Minimum dessen, was nötig wäre, um auch in den tieferen Zonen des Erdlochs gerade noch mit beiden Händen agieren zu können. Die Oberkante des oberen Steinpflasters lag rund vierzig Zentimeter unter dem damaligen Laufhorizont – eine vergleichsweise bequeme Arbeitstiefe, um schließlich in kniender Stellung die drei Köpfe zu arrangieren.

Das Ausheben der Grube war für den unbekannten Akteur vor achttausend Jahren also mit ziemlich großer Mühe verbunden. Warum betrieb er diesen Aufwand? Eine seichtere Grube – wie in der Ofnet-Höhle – hätte genügt, um die Köpfe unter die Erde zu bringen. Den drei Steinlagen unterhalb der Schädel muss demnach eine besondere Bedeutung innerhalb des gesamten Arrangements zukommen. Soll dieser Dreiklang womöglich das Weltbild der damaligen Menschen symbolisieren – etwa Unterwelt, Diesseits und Götterwelt? Wir wissen es nicht. Und was besagt die Holzkohle, die als Deckschicht über den Schädeln gefunden wurde? Sie könnte von einem Feuer stammen, das zum Abschluss der Zeremonie vorgeschrieben oder schlicht als Arbeitsbeleuchtung neben der Grube entfacht worden war.

... und anderswo

Aus dem Spätmesolithikum ist auch eine Reihe anderer Fundplätze mit „normalen" Grablegen bekannt, sogar regelrechte Friedhöfe wie die Nekropolen von Hoëdic und Île Téviec – beides der Bretagne vorgelagerte Inseln – sowie dem südschwedischen Ort Skateholm. Europaweit werden bis heute fast 150 Orte aufgelistet, aus denen Skelettreste von insgesamt mehr als 1700 Personen aus der mittleren Steinzeit zutage gefördert wurden. Die meisten Gräber stammen aus Russland und Lettland.

Die Île Téviec ist kaum mehr als ein aus dem Meer ragender Felsen und diente vielleicht ausschließlich als Bestattungsort für die Menschen, die auf der heutigen Halbinsel Quiberon lebten. Zu den dort gefundenen Grabbeigaben gehören unter anderem durchlochte Hautdornen von Adlerrochen. Das bekannteste Phänomen der südskandinavischen sogenannten Ertebölle-Kultur sind die enormen Haufen aus Muschelschalen, Fischresten und Überbleibseln anderer Meeresbewohner, die als Kjökkenmöddinger (Küchenabfälle) bezeichnet werden, so auch in Skateholm, das heute rund einen halben Kilometer von der Ostseeküste entfernt liegt. Hier wurden zwei Friedhöfe mit zusammen fast neunzig Bestattungen und Hundegräbern erforscht. Dass die Verstorbenen häufig Fisch aßen, beweisen Gräten, die man im Bereich ihres Magen-Darm-Trakts fand. Auch die Hunde wurden gelegentlich mit Grabbeigaben versehen, man hatte also ein inniges Verhältnis zu ihnen. Bei Strøby Egede auf Seeland stieß man auf ein Grab mit acht gleichzeitig beigesetzten Männern, Frauen und Kindern. In Arene Candide in Ligurien hatte man einigen Kindern Eichhörnchenschwänze mit ins Grab gelegt.

Ein letzter Blick auf das Mesolithikum soll uns vergegenwärtigen, dass es in anderen Teilen der Welt zu dieser Zeit schon richtige Städte gab. Zum Beispiel Jericho am Westufer des Jordans, wo erste Siedlungsspuren aus dem 10. Jahrtausend v. Chr. und eine Stadtmauer spätestens ab 8000 v. Chr. nachgewiesen wurden. Man schätzt die damalige Bevölkerung auf immerhin dreitausend Einwohner.

3 DAS ENDE DER STEINZEITROMANTIK

Vor rund 7500 Jahren ereignete sich in Mitteleuropa die sogenannte Neolithische Revolution, der Übergang von der aneignenden Lebensweise der Jäger und Sammler ohne festen Wohnsitz zur produzierenden Lebensweise der sesshaften Ackerbauern und Viehzüchter. In Anbetracht dieses grundlegenden Wandels, der den Grundstein für ein rapides Bevölkerungswachstum, damit aber gleichzeitig auch für die raschere Ausbreitung von Krankheiten legte, kann man durchaus von einer Revolution sprechen – auch wenn sich der Prozess in einigen Regionen über mehrere Generationen hinzog. Die Menschen benötigten mehr Platz, Waldgebiete wurden gerodet, Nutzflächen erschlossen. Zum ersten Mal in ihrer langen Geschichte griff unsere Spezies massiv in natürliche Gegebenheiten ein.

Trotz ihrer weiten Verbreitung ist die Kultur, die hier Platz greift, vergleichsweise homogen. Das spricht für entsprechende Beziehungen der einzelnen Clans und Sippen untereinander. Die Menschen wohnten in acht bis zwölf Meter breiten und bis zu vierzig Meter langen, nach Südwesten ausgerichteten Häusern und stellten geschliffene Steinbeile her, die eigentlich für die Holzbearbeitung gedacht waren – die, wie wir sehen werden, aber auch bestens geeignet waren, jemandem den Schädel einzuschlagen. Sie produzierten Keramik, deren typisch bandförmigem Dekor die gesamte Kultur ihren Namen Bandkeramik verdankt. Wie viele Menschen damals in einem Haushalt zusammenlebten, wird neuerdings wieder diskutiert. Bislang nahm man an sechs bis acht, jetzt ist auch ein Mehrfaches davon im Gespräch. Ähnliches gilt für die Lebensdauer der Unterkünfte. Lange bestand Konsens darüber, dass spätestens nach zwanzig bis dreißig Jahren neu gebaut werden musste, da die Holzpfosten verfaulten. Inzwischen vermuten einige Fachleute, sie könnten vielleicht doch länger gehalten haben. Als Nutzpflanzen sind unter anderem Getreide (Emmer, Einkorn), Hülsenfrüchte (Linsen, Erbsen) und Mohn nachgewiesen. Als Haustiere wurden Rind, Schwein, Schaf und Ziege gehalten. Allein Hunde waren schon seit dem Mesolithikum in Begleitung des Menschen anzutreffen. Hühner, Gänse und Hauskatzen, die heute zu jedem Bauernhof gehören, hätte man damals jedoch vergeblich gesucht. Hinsichtlich der Siedlungsfläche werden 0,3 Hektar und ein Rind pro Person angenommen. Andere Schätzungen legen für bestimmte Regionen etwa einen Haushalt pro Quadratkilometer zugrunde.

Die Bandkeramiker bestatteten ihre Toten in der Regel in Einzelgräbern in Seitenlage mit angehockten Beinen, meist als Schlafstellung interpretiert, und nicht selten mit persönlicher Habe (Schmuck, Gefäße, Steinbeile und Ähnliches) versehen. Auf einigen Friedhöfen finden sich neben den Körpergräbern auch Brandgräber. Wir wissen allerdings bis heute nicht, warum bestimmte Personen eingeäschert wurden und andere nicht. Das durchschnittliche Sterbealter schwankt in verschiedenen Skelettserien zwischen 24 und 36 Jahren, doch erscheint in vielen Fällen der Kinderanteil auf den Friedhöfen zu niedrig. Korrigiert man diesen auf der Grundlage ethnographischer Vergleiche, ergibt sich eine mittlere Lebenserwartung von rund 25 Jahren. Männer wurden im Schnitt vier bis fünf Jahre älter als Frauen. Aus Wachstumsstudien lässt sich schließen, dass Mädchen im Alter von 13 bis 14 Jahren, Knaben wohl etwas später in die Pubertät kamen.

Zwei Funde kippen die Lehrmeinung

Die Jahre ab 1983 zwangen die archäologische Fachwelt zum Umdenken. Bis dahin ging man vom Stereotyp des per se friedlich seine Furchen ziehenden Landwirts aus. Doch nachdem in Talheim bei Heilbronn und im niederösterreichischen Asparn an der Zaya/ Schletz nahezu gleichzeitig Überreste von getöteten Bandkeramikern gefunden worden waren, musste ein neues Kapitel in der Konfliktforschung aufgeschlagen werden. Die Quintessenz lautet: Wer Landbesitz hat, hat im Falle eines Angriffs zwei Möglichkeiten – entweder fliehen, um sein Leben zu retten, oder kämpfen, um sich und seinen Besitz zu verteidigen; Letzteres der Fluch der Sesshaftigkeit. Wer dagegen als Jäger und Sammler durch die Gegend streift, hat weniger zu verlieren und kann einer Begegnung mit finster dreinschauenden Fremden leichter aus dem Weg gehen.

Ein Überfall im zentralen Weinviertel

Das im zentralen Weinviertel gelegene Siedlungsareal von Asparn/Schletz umfasst eine Fläche von über 24 Hektar. Typische Hausgrundrisse sind umgeben von einem zweiteiligen Grabensystem, dessen innerer ovaler Ring aus zwei parallel verlaufenden Sohlgräben besteht. Diese waren bis zu vier Meter breit und stellenweise noch über zwei Meter tief im anstehenden Lössboden erhalten. Die Siedlung war demnach mit einem Wall und Doppelgraben befestigt. Das Fundmaterial aus den Gräben stammt nach Ausweis von an der ETH Zürich ermittelten Radiokarbondaten aus der Zeit von etwa 5210 bis 4950 cal BC, der Endphase der bandkeramischen Kultur. Die Ausgrabungen, die von Beginn an unter der Leitung von Helmut J. Windl vom Niederösterreichischen Landesmuseum standen, brachten neben dem üblichen Siedlungsmaterial zahlreiche menschliche Knochenreste zutage. In den Gräben fanden sich Teilskelette in Bauch- oder Rückenlage, häufig mit unnatürlich abgespreizten oder gänzlich dislozierten Extremitäten; vielfach fehlten die Hand- und Fußknochen. Die Schädel wurden zum Teil isoliert oder auch zusammen mit Anhäufungen von Tierknochen angetroffen.

Die auf der vorläufigen Auswertung von 67 Individuen basierende demographische Struktur weist einen Subadultenanteil von

Asparn/Schletz. Die Teilskelette mehrerer achtlos entsorgter Individuen, wie sie im Graben des Erdwerks im Bereich des südlichen Tores angetroffen wurden.

knapp vierzig Prozent aus, darunter auch Neugeborene und Säuglinge, und entspricht damit Werten, wie sie aus regelrechten Friedhöfen dieser Zeit überliefert sind. Unter den Erwachsenen fand sich demgegenüber nicht die erwartete Fifty-fifty-Verteilung, sondern ein eklatantes Frauendefizit, insbesondere in der Altersgruppe der Zwanzig- bis Dreißigjährigen. Die federführende Anthropologin Maria Teschler-Nicola vom Naturhistorischen Museum in Wien vermutet daraufhin, dass die jüngeren Frauen im Zusammenhang mit dem abrupten Ende der Siedlung entführt wurden. Sie kann dafür mit spektakulären Befunden aufwarten: einer Vielzahl unterschiedlichster Verletzungen an den Skelettresten, die zweifelsfrei am frischen Knochen entstanden sind und keinerlei Heilungsreaktionen aufweisen. Die meisten davon waren tödlich oder hatten zumindest indirekt den Tod des Betroffenen zur Folge. Es finden sich Lochbrüche, deren Konturen den damals verwendeten Steinbeilen entsprechen, Hinweise auf stumpfe Gewalt, massive Schädelzertrümmerungen sowie indirekte Frakturen, unter anderem sogenannte Ringbrüche im Bereich der Schädelbasis, verursacht durch eine Stauchung gegen die Halswirbelsäule zum Beispiel infolge eines Schlages auf den Kopf von oben her bei aufrechter Haltung des Opfers. Einige Individuen lagen offenbar schon am Boden, als sie attackiert wurden, andere weisen gleich mehrere Traumata auf. Nach verschiedenen anatomischen Regionen differenziert, befinden sich die meisten Defekte am Stirnbein und an der rechten oder linken Seitenwand des Schädels, der Gesichtsschädel und das Hinterhauptbein sind seltener in Mitleidenschaft gezogen. Da die rechte Schädelseite etwas häufiger involviert ist als die linke, dürfte – rechtshändige Täter vorausgesetzt – ein Teil der Angriffe von hinten erfolgt sein. Dafür spricht auch eine Pfeilschusswunde am Hinterkopf des etwa vierjährigen Kindes Nr. 58.

An den übrigen Skelettresten wurden nur wenige Läsionen festgestellt, ein Teil davon könnte auch postmortal entstanden sein. Die Leichen(teile) sind offensichtlich in den Graben geworfen und auf diese Weise entsorgt worden. Dass sie zunächst jedoch über

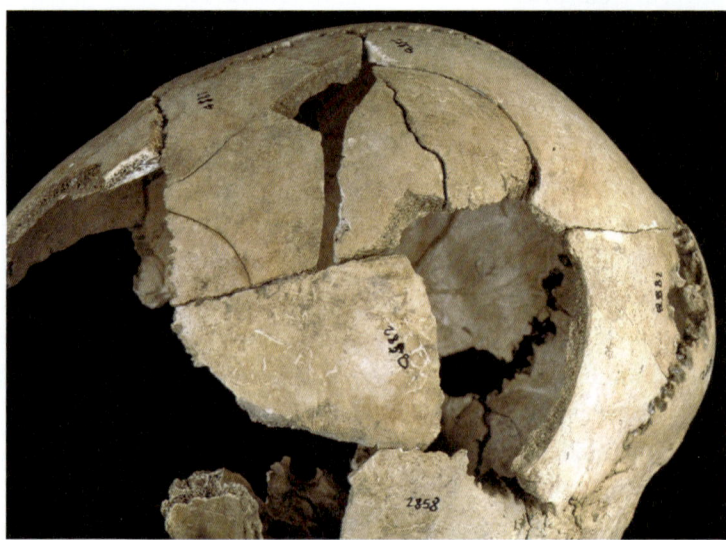

Asparn/Schletz. Linke Seitenansicht des Hirnschädels der jungen Frau (?) Nr. 19 mit mehreren Biegungs- und Berstungsbrüchen infolge stumpfer Gewalt.

Wochen oder Monate an der Oberfläche lagen, beweisen neben der unvollständigen Überlieferung mannigfache Spuren von Tierzähnen an den Knochen. Spektrum und Ausmaß der Nage-, Biss- und Kratzspuren beweisen, dass die menschlichen Kadaver für Nager, Fleisch- und Aasfresser unterschiedlicher Größe zugänglich waren. Die Angreifer hatten also offensichtlich kein Interesse daran, den Siedlungsplatz selbst zu übernehmen.

Da noch nicht alle Grabenabschnitte untersucht sind, kann die Gesamtzahl der in Asparn/Schletz Getöteten nur grob geschätzt werden. Die Angaben dazu schwanken zwischen „weit über 100" bis „mehr als 200".

Eine kuriose Entdeckungsgeschichte

Samstag, der 5. März 1983, war Pflanztag im Gemüsegarten des Aussiedlerhofs der Familie Schoch bei Talheim. Nachdem die Salatköpfe in den Vorjahren immer wieder an die Glasabdeckung angestoßen und in der Sonne verbrannt waren, sollte das Frühbeet tiefer ausgehoben werden. Kaum hatte der Hausherr den Spaten angesetzt, stieß er auf einen Kieferknochen. Als Landwirt und Jäger erkannte er sofort, was er gefunden hatte: keinen vor langer Zeit verlochten Tierkadaver, sondern ein menschliches Gebiss. Das Landesdenkmalamt Baden-Württemberg wurde eingeschaltet. Erste Mutmaßungen zielten auf Überreste mittelalterlicher Pestleichen oder verscharrte Kriegsgefangene des Zweiten Weltkriegs. Zumindest war – wie Herr Schoch sen. trocken registrierte – erst einmal geklärt, warum der Salat so üppig gewachsen war.

Am Ende hatten die Archäologen eine Grube mit einer Länge von knapp drei Metern und einer Breite von etwa eineinhalb Metern erfasst. Es bot sich ein chaotisches Durcheinander, ein dem ersten Anschein nach undurchschaubares Wirrwarr aus Menschenknochen. Einzelne Extremitäten oder Wirbelsäulenabschnitte lagen zwar noch in anatomischer Abfolge, doch die meisten Knochen konnten keinem bestimmten Individuum zugeordnet werden. Dazwischen fanden sich Scherben jungsteinzeitlicher Keramik – zwei

Talheim. Das Zentrum des Massengrabs bei der Ausgrabung im Jahr 1983 mit teilweise noch im anatomischen Verband befindlichen Skelettresten. Am oberen und unteren Bildrand sind die Betoneinfassungen des Früh-beets zu sehen.

später durchgeführte ^{14}C-Datierungen bestätigten dann die Zeit-stellung in die Endphase der Bandkeramik, das heißt ein Alter von rund siebentausend Jahren, etwa dreihundert Generationen vor unserer Zeit. Die Knochen waren stellenweise auf eine Schicht-dicke von weniger als 15 Zentimeter komprimiert; sie lagen dicht an dicht wie gepresste Holzschnitzel in einer Spanplatte. Die ober-flächennahen Bereiche des Massengrabs wurden im Laufe der Zeit unbemerkt durch Bodenbearbeitung und Ackerbautätigkeit ausei-nandergerissen, im unteren Teil ließ sich die Lage einiger weniger Skelette noch nachvollziehen. Die Toten waren also ursprünglich vollständig in die Grube gelangt. Sie lagen jedoch ohne erkennbare Ordnung kreuz und quer ineinander verschachtelt und teilweise auf dem Bauch – wie weggeworfen. Die Präparation der stark fragmentierten und teilweise deformierten Skelettreste war zeitaufwändig, ihre anthropologische Begutachtung zog sich über viele Monate hin.

Erste Erkenntnisse

Um der in der Presse entfachten Kannibalismus-Debatte begegnen zu können, wurde speziell auf Spuren geachtet, die als Hinweise auf eine Zerteilung der Körper hätten gewertet werden können. Es wurden keine gefunden. Keines der Gefäße ließ sich auch nur annähernd komplett zusammenfügen. Und dass bei den Toten keine persönlichen Gegenstände gefunden wurden, bedeutet, dass die Leichen vor ihrer Beseitigung vollständig ausgeplündert wurden. Alles in allem ließ sich die Lage von 29 Personen ganz oder teilweise rekonstruieren. Zusammen mit nicht mehr eindeutig zuweisbaren Knochenresten ergab sich eine Mindestindividuenzahl von 34 aus drei Generationen: 16 Kinder und Jugendliche sowie neun Männer, sieben Frauen und zwei geschlechtlich unbestimmte Erwachsene. Das jüngste Kind war zwei bis drei, der älteste Mann rund sechzig Jahre alt. Neugeborene und Säuglinge fehlen. Keine der Frauen im reproduktiven Alter war schwanger. Die demographische Struktur der Gruppe entspricht der einer kleinen Dorfgemeinschaft. Im Vergleich mit ethnographischen Daten und archäologischen Schätzungen kann auf vier bis fünf Familienverbände oder Wohneinheiten geschlossen werden. Rein rechnerisch verbleibt nur ein mögliches Kleinkinderdefizit von vielleicht drei bis sechs Individuen. Das Durchschnittsalter aller in dem Massengrab Verscharrten liegt bei knapp 24 Jahren. Würde man vier Kinder fiktiv hinzurechnen, verringerte es sich auf etwas über 21 Jahre. Die Erwachsenen waren im Mittel 36 Jahre alt, die Frauen im Schnitt 1,56 Meter, die Männer 1,69 Meter groß – Daten, die vergleichbar auch in Asparn/Schletz ermittelt wurden.

Die Talheimerinnen waren auffallend schlanker und graziler als ihre Männer. Ein Befund weist auf Arbeitsteilung hin: Ihre Nackenmuskulatur war deutlich stärker beansprucht – ein Anzeichen dafür, dass sie häufiger Lasten auf dem Kopf oder per Stirnband auf dem Rücken zu tragen hatten. Möglicherweise mussten sie täglich das Wasser aus der rund 350 Meter östlich vorbeifließenden Schozach holen. Pathologische Veränderungen sind rar. Es gibt kaum Karies, häufiger jedoch schiefe Zähne. Dazu kommen Hinweise auf Wachstumsstörungen, die auf vorübergehende Mangelsituationen deuten, auffallend stark abgekaute Vorderzähne, die die Verwendung des Gebisses als dritte Hand bezeugen, sowie nur zwei verheilte Knochenbrüche und moderate Verschleißerscheinungen. Eine junge Frau litt unter einem – angeborenen? – Hüftschaden.

Die anatomischen Varianten vermitteln ein relativ homogenes Erscheinungsbild, einzelne Merkmale deuten auf Verwandtschaft. Die Ergebnisse der erst jüngst durchgeführten DNA-Analysen werden daher mit Spannung erwartet. Aufgrund der Strontiumisotope sind drei der Erwachsenen bereits als Zugereiste ausgewiesen.

Zahlreiche Spuren von Gewalteinwirkung

Nachdem man an zahlreichen Schädeln Anzeichen von Schlag- und Hiebverletzungen entdeckt hatte, wurde der renommierte Traumatologe Hans Günter König vom Institut für Gerichtliche Medizin der Universität Tübingen in die Untersuchung einbezogen. Es stellte sich heraus, dass insgesamt zwanzig Schädel unverheilte Impressions- oder Lochfrakturen aufweisen. Ein Teil der Ausbrüche passt zu den beiden für die Bandkeramik charakteristischen Steinbeilformen, die von den Archäologen als Flachhacken und Schuhleistenkeile bezeichnet werden, ein anderer geht auf nicht näher differenzierbare stumpfe Gerätschaften zurück. Dazu kommen Pfeilschussverletzungen am Hinterkopf zweier Männer und am rückwärtigen Teil eines Brustwirbels.

Die vorgefundenen Defekte häufen sich im rechten Hinterkopfbereich. Das Resultat waren zumeist schwere Schädel-Hirn-Verlet zungen, die zu sofortigem Bewusstseinsverlust und raschem Tod infolge Verblutens geführt haben dürften. Vom Auftreffwinkel her scheint ein Teil der Hiebe bereits am Boden liegenden Opfern beigebracht worden zu sein. Die Entschlossenheit der Täter zeigt sich darin, dass an einigen Schädeln bis zu drei und mehr Traumata gefunden wurden. Daneben gibt es kaum Gesichtsverletzungen und auch am restlichen Skelett insgesamt nur drei sichere und zwei fragliche Befunde. Das Verteilungsmuster der Defekte spricht dafür, dass die Talheimer keine Gegenwehr leisteten. Bei einem Kampf Mann gegen Mann hätte man typische Abwehrverletzungen im Arm- und Schulterbereich erwarten können. Die überwiegende Zahl der Opfer wurde von hinten attackiert – möglicherweise beim Versuch zu fliehen, was bedeuten könnte, dass die Angreifer in der Überzahl waren.

Obwohl nicht alle Schädel Spuren von Gewalteinwirkung aufweisen, ist anzunehmen, dass sämtliche 34 Personen gewaltsam ums Leben kamen. Zahlreiche Weichteilverletzungen dürften keine Spuren am Skelett hinterlassen haben. Das lässt sich auch bei modernen Obduktionen immer wieder feststellen. Ein Stich zwi-

Talheim. Rekonstruktion des Tathergangs anhand der Verletzungsspuren. Der junge Mann Ind. 83/12 ist zuerst von einem Pfeil getroffen und dann von hinten erschlagen worden. Dass er den Knaben Ind. 84/24 in diesem Moment bei sich hatte, ist lediglich eine Annahme.

schen die Rippen oder eine durchschnittene Kehle sind nicht zwangsläufig am Knochen erkennbar.

Fakten und Indizien: „Wer war's, wie geschah's, was war los?"

* Es scheint, als wäre die komplette Einwohnerschaft eines kleinen Dorfes getötet worden. Nicht ausgeschlossen ist auch die Auslöschung eines Clans durch einen anderen, der womöglich in unmittelbarer Nachbarschaft lebte. Die nächstgelegenen Siedlungen lagen nur 0,5 bzw. 1,3 Kilometer entfernt.
* Falls es Überlebende gab, hatten diese keine Möglichkeit, ihre Angehörigen regulär zu bestatten, oder es bestanden keine emotionalen Beziehungen zu den Toten.
* Die pietätlose Behandlung und das Fehlen persönlicher Gegenstände sprechen dafür, dass die Opfer von den Tätern selbst vergraben wurden. Wären die Aggressoren weitergezogen, hätten sie sich nicht die Mühe gemacht, die Leichen zu beseitigen. Das könnte auch bedeuten, dass sie die vorgefundenen Ressourcen übernehmen und sich dort niederlassen wollten.
* Die Beseitigung der Getöteten erfolgte alsbald nach der Tat, denn es fehlen jegliche Verbissspuren an den Knochen. Hunde, Mäuse oder andere Tiere hätten sich – wie man von modernen Fällen weiß – spätestens nach 24 Stunden an den Leichen zu schaffen gemacht.
* Zur Entsorgung der Toten war das Ausheben einer Grube mit einem Volumen von mindestens neun Kubikmetern nötig – mithin war eine in Anbetracht der kurzen Zeit und des Arbeitsaufwands größere Zahl von Tätern beteiligt.
* Die Verwendung von Pfeil und Bogen spricht für eine Tatzeit mit ausreichenden Sichtverhältnissen. Kurz vor Sonnenaufgang wäre das Überraschungsmoment wohl am größten gewesen. Einige der Opfer könnten auch im Schlaf überrascht worden sein.

- Als Beweggründe für die Tat kommen unterschiedliche Motive wie Blutrache, Ressourcenknappheit infolge einer Hungersnot oder territoriale Streitigkeiten in Betracht.
- Es ist möglich, dass Kleinkinder von den Angreifern verschleppt wurden.

Auch wenn die Skelettgrube von Talheim fast dreißig Jahre nach ihrer Entdeckung noch nicht alle Geheimnisse preisgegeben hat, lassen sich viele Aspekte der Tat rekonstruieren. Das siebentausend Jahre alte Verbrechen scheint so gut wie aufgeklärt. Mögliche Anhaltspunkte zur Ermittlung der Täter müssen noch näher ausgewertet werden – man wird sie jedoch nicht mehr zur Rechenschaft ziehen können. Manche der gefundenen Indizien lassen auch Spielraum, ein in Nuancen abweichendes Szenario des Geschehens zu entwerfen. Die Faszination des Fundes liegt gerade in seinen vielschichtigen Details, die es in einen plausiblen Handlungsstrang einzupassen gilt.

Früheste Belege für Krieg?

Dass sich hinter den beiden Funden von Asparn/Schletz und Talheim eine allgemeine Krise gegen Ende der Bandkeramik verbirgt, ist noch nicht hinreichend bewiesen. Der nachfolgend beschriebene Fall aus Herxheim kann dafür in Zukunft sicherlich noch weitere Anhaltspunkte liefern. Inwieweit das damalige Geschehen jedoch mit dem Terminus „Krieg" belegt werden kann, ist letztlich eine Frage der Definition. Dabei stehen im Zusammenhang mit interpersonellen Konflikten vor allem zwei Parameter im Fokus der Diskussion: die Anzahl und Zusammensetzung der Beteiligten sowie die Ursache der Auseinandersetzung. Die Palette reicht von innerfamiliären Streitigkeiten oder Nachbarschaftshändeln, die eher im überschaubaren Rahmen stattfinden, über Kämpfe zwischen einzelnen Clans oder Stämmen, die territorial begrenzt sind und in der Regel auch Frauen und Kinder betreffen, bis hin zu Konflikten, die von Zigtausenden von Soldaten ausgetragen werden und großräumige Auswirkungen haben. Das grundsätzliche Ziel wäre Durchsetzung oder Ausweitung von Macht, Einfluss und Reichtum. Als mögliche Motive gelten auch sogenannte Ehrenmorde, Grenzstreitigkeiten, Vergeltungsaktionen oder Genozid – wobei Angreifer und Angegriffene üblicherweise verschiedene Gründe für die jeweilige Konfrontation anführen.

4 STAMMEN WIR VON KANNIBALEN AB?

Kaum eine archäologische Entdeckung der letzten Zeit erregte so viel Aufmerksamkeit wie die knapp siebentausend Jahre alte Grubenanlage von Herxheim bei Landau in der Pfalz. Das ist nicht verwunderlich, werden doch die menschlichen Skelettreste aus dieser Fundstelle immer wieder mit dem Stichwort Kannibalismus in Verbindung gebracht, einem Begriff, der vielfältige Emotionen weckt und ansonsten eher im Zusammenhang mit abartigen Mordfällen oder Horrorfilmen diskutiert wird. Als Beispiel für einen Fall von Notkannibalismus, der im Nachhinein vom Vatikan gebilligt wurde, werden an dieser Stelle meistens die Mitglieder des Rugby-Teams aus Uruguay angeführt, die nach einem Flugzeugabsturz in den argentinischen Anden im Jahre 1972 zehn Wochen lang überlebten, indem sie Teile ihrer bei dem Unglück zu Tode gekommenen Kameraden aßen. Die eisigen Bedingungen am Unfallort hatten deren Leichen konserviert. Auch Schiffbrüchige waren mitunter gezwungen, mit verdursteten oder verhungerten Leidensgenossen ähnlich zu verfahren, um zu überleben – oder auch nur den eigenen Tod hinauszuzögern.

Dass Menschen aus verschiedensten Gründen Menschen essen, wurde und wird in älteren Quellen, von Missionaren oder Völkerkundlern häufig beschrieben. Einige dieser Berichte entstammen dem Hörensagen und hätten vor Gericht keinerlei Beweiskraft oder wurden aus propagandistischen Gründen verfasst, um die Betroffenen als Untermenschen abzustempeln. Andere Erzählungen erscheinen ob der mitgeteilten Details allerdings ziemlich realistisch. Doch wie lässt sich Anthropophagie (von griech. *anthropos*, Mensch, und *phagein*, essen) an alten Knochen erkennen, wenn es weder Augenzeugen noch schriftliche Überlieferungen gibt? Es ist kaum möglich, einen solchen Sachverhalt anhand der Spurenlage nachzuweisen. Andererseits ist die Deutung von Skelettteilen als Überreste einer Kannibalenmahlzeit zweifellos das Spektakulärste, was man aus Menschenknochen überhaupt herauslesen kann.

„Die Menschenschlachter von Herxheim"

So titelte SPIEGEL Online im Dezember 2009. Nur wenige Tage vorher hieß es bei Discovery News: „Settlement Site hints at Mass Cannibalism", und die 2010/11 entstandene, mit bizarr anmutenden Szenen angereicherte Dokumentation von National Geographic TV trägt den Titel „Lost Cannibals of Europe". Andernorts war von „Steinzeitgemetzel" und „Mordermittlung" die Rede, und in jedem Beitrag ist zu spüren, dass sich die Autoren der Faszination des Grauens, die mit dem Begriff Kannibalismus einhergeht, nicht entziehen konnten. So schwingt die Diskussion um die Anthropophagie im Zusammenhang mit Herxheim unweigerlich und anhaltend mit, auch wenn die Bearbeiter selbst darin nur einen Aspekt unter vielen sehen. Dessen alle übrigen Phänomene des Fundes dominierende Außenwirkung lässt sich einfach nicht verhindern. Eine ähnlich divergierende Wahrnehmung war und ist auch bei den Ausgrabungen in Troja zu beobachten. Die Archäologen dort sehen es keineswegs als ihre Hauptaufgabe an, den in Homers „Ilias" geschilderten Trojanischen Krieg nachzuweisen, und trotzdem wird das gesamte Unternehmen von außen stets unter diesem Gesichtspunkt beäugt.

In Herxheim wurde zweimal gegraben: 1996–99 und 2005–08. Allein die erste Ausgrabung erbrachte rund 60 000 überwiegend nur bruchstückhaft erhaltene Menschenknochen – inzwischen sind es mehr als 100 000, darunter isolierte Schädel und über vierhundert zu Schalen hergerichtete Kalotten. Die Knochen des übrigen

Skeletts sind unterrepräsentiert, unter anderem die Hand- und Fußknochen treten seltener auf, als man erwarten könnte. Die Gelenkenden sowie andere spongiöse Bereiche fehlen zumeist, und an manchen Fragmenten wurden Brandspuren entdeckt. Bisweilen lagen auch noch größere Körperabschnitte wie Rümpfe, Arme oder Beine im anatomischen Verband.

Die gesamte Anlage hat einen abgerundet-trapezoiden Grundriss. Eine doppelte Kette von bis zu zehn Meter langen schmalen, unterschiedlich tiefen und sich teilweise überlappenden Gräben schließt eine Fläche von rund fünf Hektar ein. Zwei Unterbrechungen werden als Eingangsbereiche gedeutet. Die einzelnen Grabenabschnitte wurden offensichtlich über Jahre hinweg angelegt, mehrfach ausgehoben und immer wieder verfüllt, so dass zu keinem Zeitpunkt ein kompletter Grabenring bestand. Es kann sich also nicht um eine Verteidigungsanlage gehandelt haben. Die Ausgräber sehen darin eher die symbolische Abgrenzung eines für zeremonielle Anlässe genutzten Areals. Im Inneren des Grubenrings stießen sie auf stark erodierte Reste von Pfostenlöchern und sogenannten Hausbegleitgruben, die ehemals das Material für den Lehmverputz von Flechtwerkwänden lieferten und dann wie üblich zur Abfallentsorgung genutzt wurden. Demnach könnten dort einst maximal zehn Häuser gestanden haben. Dazwischen fand man vereinzelte Gräber. Warum aber – wie anderswo auch – bestimmte Personen innerhalb der Siedlung bestattet wurden, ist bis heute nicht geklärt. Die Datierung anhand der Keramikfunde stellt die Herxheimer Anlage in einen Zeitraum von 5300 bis 4950 v. Chr.

Die Auszählung der bislang aus den Grabenabschnitten anthropologisch begutachteten Skelettreste erbrachte eine Mindestindividuenzahl von etwa fünfhundert Personen, wobei alle Altersstufen vom Neugeborenen bis zum Greis vertreten sind; in einem Fall scheint es sich sogar um einen Fötus zu handeln. Es können sowohl Männer als auch Frauen nachgewiesen werden. Die vorgefundene Alters- und Geschlechtsverteilung dokumentiert damit eher eine friedhofstypische Zusammensetzung als einen selektierten Personenkreis. Unter Einbeziehung der noch nicht ausgegrabenen Bereiche schätzt Andrea Zeeb-Lanz von der Generaldirektion Kulturelles Erbe Rheinland-Pfalz in Speyer, die Koordinatorin des Projekts, dass in dem gesamten Grubensystem mit Überresten von bis zu eintausend Menschen zu rechnen ist. Und das Ereignis, dem diese zum Opfer fielen, scheint in einem bemerkenswert kurzen Zeitraum von vielleicht nur zwei, zehn oder zwanzig, maximal fünfzig Jahren am Ende der Nutzungsphase der Grubenanlage stattgefunden zu haben. In den Abschnittsgräben fand sich fast ausschließlich Keramik aus der jüngsten Phase der Bandkeramik, und Zusammensetzungen von Scherben über verschiedene Gräben hinweg weisen viele der Fundeinheiten als gleichzeitig aus.

Keramik und Strontiumisotope – offene Fragen

Besondere Aufmerksamkeit verdienen auch die qualitativ hochwertigen Geschirrreste selbst, die man vermischt mit den zerschlagenen Menschen- und Tierknochen sowie offenbar absichtlich zerbrochenen und noch unbenutzten Mahlsteinen und Steinklingen fand. Sie können als Prunkgefäße angesprochen werden und stammen aus sehr unterschiedlichen, bis zu fünfhundert Kilometer entfernten Regionen, unter anderem von der Elbe, aus dem Pariser Becken und Nordhessen. Ob allerdings nur die Töpfe – vielleicht als Handelsware – oder auch die Menschen aus diesen Gegenden kamen, sollte mit Hilfe von Isotopenanalysen geklärt werden. Dazu führte Rouven Turck am Institut für Geowissenschaften der Universität Heidelberg Messungen des Verhältnisses der Strontiumisotope ^{87}Sr und ^{86}Sr durch, die in spezifischem Verhältnis – der jeweils ortstypischen Nahrungskette entsprechend – in Zähne und Knochen eingelagert werden und somit quasi einen körpereigenen Herkunftsnachweis liefern.

Zur Überraschung für alle Beteiligten kam dabei heraus, dass die Ursprungsgebiete der Gefäße nicht zu den Strontiumwerten passen: Keramik und Menschen stammen also aus verschiedenen Regionen. Die Messergebnisse stifteten aber noch weitere Verwirrung, denn der größte Teil der geschlachteten Menschen kam demnach aus höher gelegenen Zonen nach Herxheim, aus denen bislang noch keine passenden Siedlungsfunde bekannt sind. Das heißt natürlich nicht, dass es keine „Bergbandkeramiker" – wie sie R. Turck anlässlich eines Abendvortrags bezeichnete – gab, sondern hier gilt der archäologische Leitsatz: *absence of proof is no proof of absence*. Für beide Aspekte fehlen noch plausible Erklärungen.

Was die anderen Befunde sagen

Detaillierte anthropologische Untersuchungen wurden bislang an den Zahnresten der ersten Grabungskampagne sowie dem 2007 ausgegrabenen Fundkomplex Nr. 9, einem Teilstück des inneren Grubenrings, durchgeführt. Die Gebisse stammen von 329 Individuen, rund sechzig Prozent Erwachsenen sowie vierzig Prozent Kindern und Jugendlichen. Jeder Zehnte hatte mindestens einen kariösen Zahn. Allgemein kann der Gesundheitsstatus im Bereich des Kauapparats aber als gut bezeichnet werden.

Die mit Abstand spektakulärsten Ergebnisse lieferte demgegenüber die spurentechnische Untersuchung der Knochen aus Deposit 9. Danach lässt sich feststellen, dass die Leichen nach einem bestimmten Schema systematisch zerlegt, die Knochen dann zertrümmert und aus den Schädeldecken Schalen hergestellt wurden. Die Bearbeiter fanden dort fast zweitausend Knochenstücke, die von mindestens zehn Personen stammen. Die Knochen weisen Schlag- und Schnittspuren auf, wie sie ebenso bei Überresten von Schlachtvieh gefunden wurden. Dazu kommen Schabespuren, die mit dem Entfleischen in Verbindung gebracht werden. Einige davon verlaufen allerdings rechtwinklig zur Knochenlängsachse und lassen sich somit kaum mit dem Abschaben von anhaftendem Weichgewebe erklären. Bei manchen der bislang publizierten Befunde könnte es sich auch um Verbiss- oder Nagespuren handeln.

Brandschwärzung an einigen Fragmenten wird damit erklärt, dass einzelne Leichenteile am Spieß geröstet wurden. Die besagten

Herxheim. In dem fast acht Meter langen Grabenabschnitt Nr. 9 stießen die Archäologen auf über 1900 menschliche Skelettreste von mindestens zehn Personen. Die meisten weisen Schnitt- und Schabespuren auf.

Teilstücke könnten aber auch erst später mit Feuer in Berührung gekommen sein.

Als weiterer Hinweis auf Speisezubereitung gelten die zerschlagenen Langknochen, Gelenkenden und Wirbelkörper. Die Spezialisten sehen darin den Beleg dafür, dass man Knochenmark und Fett extrahieren wollte und die Teile als eine Art Suppe auskochte. Mikroskopisch erkennbare Veränderungen der Kollagenfasern scheinen das zu bestätigen. Doch Abkochen beweist noch nicht den anschließenden Verzehr des Suds. Zudem gilt vielen Fachleuten das sogenannte *Peeling* als untrügliches Zeichen für Einwirkungen am frischen Knochen. Es handelt sich dabei um oberflächliche Ablösungen an der Knochenaußenseite am Bruchende eines Teilstücks, zum Beispiel einer Rippe, die ähnlich beim Brechen eines frischen Astes zu beobachten seien. Die Beschreibung des Phänomens geht auf eine Veröffentlichung von Tim D. White aus dem Jahr 1992 zurück. Seine Erörterung über Menschenfresserpraktiken der nordamerikanischen Anasazi-Indianer avancierte zur Bibel der Kannibalenforscher. Doch in diesem Punkt irrt die „Bibel":

Andere Kenner der Materie sehen darin Abplatzungen, die am spröden, das heißt zumindest teilweise entmineralisierten, morschen Knochen entstehen. Frischer Knochen hat im Gegensatz zu Holz keine weiche Außenschicht.

Als letzter Beweis für Kannibalismus in der Pfalz gelten dem zuständigen Anthropologen Bruno Boulestin von der Universität Bordeaux Beiß- oder Kauspuren an den Knochen, wobei andere Fleischfresser, speziell Hunde, als Verursacher nicht ausgeschlossen werden. Man fand solche Spuren unter anderem an Hand- und Fußknochen. Nach allgemeiner Erkenntnis sind jedoch gerade diese Partien auch bevorzugte Angriffsflächen für Aasfresser, und deren Unterrepräsentanz spricht eher für Verschleppungen durch Karnivoren.

Die Schlachtung der Menschen erfolgte in Herxheim nach einem bestimmten Muster: Zuerst wurden die Arme und Beine vom restlichen Körper abgesetzt, dann die Rippen auf beiden Seiten entlang der Wirbelsäule abgeschlagen. Nach einem Schnitt über die Mitte des Kopfes pellte man die Kopfschwarte zu den Seiten hin

Herxheim. Die beiden mittig über die Kalotte eines Erwachsenen verlaufenden Schnittspuren dürften gesetzt worden sein, um die Kopfhaut und Kopfschwarte des Verstorbenen zu entfernen.

Herxheim. In diesem nur sechzig Zentimeter langen Teilstück von Grabenabschnitt 6 fanden sich allein Schädeldächer von mehr als zehn Individuen.

ab. Der Unterkiefer wurde in der Mitte gespalten, die Zunge her-
ausgeschnitten. Es folgten gezielte Schläge gegen das Gesicht, den
Hinterkopf und die Seiten, möglicherweise um das Gehirn zu entnehmen. Das Schädeldach wurde wie eine Schale herauspräpariert.
Von letzteren fand man bis zu 13 Stück in einer Grube, teilweise
ineinandergestapelt wie Müslischalen im Küchenregal.

Besonders erwähnenswert ist auch die Feststellung des Bear-
beiters, dass keine Spuren von Gewalteinwirkung gefunden wurden, wie sie typisch für tätliche Auseinandersetzungen sind. Das
heißt, es liegen keine Hinweise auf die Todesursache der Menschen
vor. Aus anderem Kontext wissen wir jedoch, dass es mannigfache
Arten des Tötens gibt, die keine Spuren am Skelett hinterlassen.

Exkurs: Cowboy Wash 5MT10010

In der Zwischenzeit werden fast vierzig Anasazi-Fundstätten mit
Überresten von insgesamt rund dreihundert Menschen aufgelistet,
die kannibalischen Umtrieben zum Opfer gefallen sein sollen. Ob

das in jedem Fall zutrifft, hängt davon ab, welche Kriterien für Anthropophagie zugrunde gelegt werden. An dieser Stelle sei daher ein Fundort aus der Region bei Cowboy Wash aus dem Südwesten Colorados erwähnt, der die sperrige Bezeichnung 5MT10010 trägt, und mit ganz außergewöhnlichen Befunden aufwarten kann. Dort fanden die Ausgräber Überreste von drei verlassenen Grubenhäusern und sieben Personen – drei Männern, einer Frau sowie drei Kindern und Jugendlichen –, die man offensichtlich getötet und anschließend verspeist hat.

Von besonderer Bedeutung sind Steinklingen, die positiv auf menschliches Blut getestet wurden, Scherben eines Kochtopfes, auf denen menschliches Myoglobin – ein Protein, das ausschließlich in der Skelettmuskulatur und im Herzmuskel vor allem von Säugetieren zu finden ist – nachgewiesen werden konnte, und ein Koprolith, der dasselbe chemische Signal zu erkennen gab. Dieses Eiweiß ist bei verschiedenen Tierarten unterschiedlich aufgebaut und wird weder durch Kochen noch durch die Verdauung gänzlich zerstört. Richard A. Marlar und sein Team von der Universität Denver konnten so den Beweis liefern, dass in besagtem Gefäß Menschenfleisch gekocht wurde und dass die im Bereich des ehemaligen Herdfeuers gefundenen Exkremente auf den Verzehr von Menschenfleisch hinweisen. Die Zuordnung der Hinterlassenschaft von dreißig Gramm Trockengewicht zu einem Menschen wurde jedoch nur anhand ihrer Größe und Form vorgenommen. Es ist also genauso möglich, dass sich hier ein nicht-menschlicher Fleischfresser erleichtert hat.

Ob die ganze Aktion im Zuge einer Opferungs- oder Hinrichtungszeremonie, im Rahmen politischer Umbrüche oder in einer ökonomischen Krise stattfand oder ob die Defäkation gar als eine Geste der Verachtung den ehemaligen Hausbewohnern gegenüber zu deuten ist, bleibt der Phantasie des Lesers überlassen.

Ein Lourdes der Jungsteinzeit?

Zurück nach Herxheim. Was ist dort nach Meinung der beteiligten Fachleute am Ende des frühen Neolithikums geschehen? Vielleicht war es der verzweifelte Versuch, bevorstehende gesellschaftliche Umwälzungen abzuwenden. Angesichts dessen, dass Hinweise auf eine systematische Schlachtung und Herstellung von Schädelschalen, mithin Argumente für Kannibalismus und rituelle Handlungen vorliegen, kommen verschiedene Varianten in Betracht. Zudem ist bedeutsam, dass sich die Vorgänge in einem sehr kleinen Zeitfenster abgespielt haben.

Ausgeschlossen wird Notkannibalismus, da an den Skelettresten keine schwerwiegenden Mangelerscheinungen festgestellt wurden – die auch erst nach mehrmonatiger Krise zu erkennen wären – und das Ganze zu stark ritualisiert stattfand. Aus der eigenen Gruppe wären in diesem Fall bevorzugt die Alten verspeist worden. Bei Zeitgenossen aus dem Bergland hätten dagegen vielleicht weniger hemmende emotionale Beziehungen bestanden. Weiterhin ausgeschlossen werden Endo- und Exokannibalismus, da zu viele Individuen aus verschiedenen Regionen betroffen sind, sowie kriegerische Auseinandersetzungen, weil keine Kampfspuren gefunden wurden und so gut wie kein Tierverbiss vorliegt. Aus Talheim kennen wir allerdings eine Erklärungsmöglichkeit, bei der das Fehlen von Biss- oder Nagespuren durchaus mit interpersonellen Konflikten vereinbar sein kann. So bleibt eigentlich nur eine Deutung im Kontext von Glaube, Magie oder Religion: rituelle Zerlegung und möglicherweise ritueller Kannibalismus, wobei Letzteres nach Auffassung von A. Zeeb-Lanz unbeweisbar bleibt. Sie interpretiert die zugerichteten Schädeldächer auch nicht als Trinkschalen. Das kleine Herxheim könnte ein überregional bedeutender Kultort gewesen sein.

Ungewöhnliche Aktivitäten gehen nicht selten mit ökologischen Veränderungen einher. Vielleicht war tatsächlich eine allgemeine Subsistenzkrise der Auslöser dafür, dass Menschen von weither nach Herxheim pilgerten, um sich – freiwillig? – opfern und nach einem besonderen Ritual verspeisen zu lassen. Die Opfer könnten ebenso Bewohner entlegener Siedlungen gewesen sein, die überfallen, entführt und dann getötet wurden – wie es von den Azteken überliefert ist.

Nicht gänzlich von der Hand zu weisen sind aber auch Handlungen, die mit einem mehrstufigen Bestattungsritual zu tun haben. Dabei spräche die Anwesenheit der Kinder gegen einen Ahnenkult, der nur älteren Verstorbenen zuteil wird, vielmehr für einen alle Altersgruppen umfassenden Totenkult. Erneut ließen sich aus der Völkerkunde diverse Parallelen finden, bei denen Knochen und Fleisch der Verstorbenen unterschiedlichen Stellenwert haben. Alle Manipulationen könnten gleichermaßen an nur vorläufig bestatteten und dann exhumierten Leichnamen vollzogen worden sein. Dass einige Knochen nachweislich gekocht wurden, muss nichts mit Speisezubereitung zu tun haben, man könnte sie ebenso im Rahmen einer Begräbniszeremonie abgekocht haben. Brandspuren sind möglicherweise mit Räuchern zu erklären. Die auf diese Weise vorbehandelten Überreste könnten nach Herxheim gebracht und in eigens dafür ausgehobenen Gräben deponiert worden sein, ohne dass jemals Teile der Toten verzehrt wurden.

Spareribs, Hirnsuppe oder Geschnetzeltes

Unter der Annahme, die in Herxheim angetroffenen Skelettteile seien tatsächlich als Überbleibsel kannibalischer Aktivitäten anzusehen, die mit einer Verwertung der anfallenden Ressourcen einhergehen, seien modellhaft folgende Überlegungen vorgestellt:

Bandkeramische Männer waren im Mittel 1,68 Meter groß. Je nach Körperbau kann man ein Durchschnittsgewicht von 65 Kilogramm schätzen. Für Frauen ergeben sich Werte von 1,57 Meter und 55 Kilogramm. Mithin kann für einen Erwachsenen ein Gewicht von etwa sechzig Kilogramm angenommen werden. Ein Neugeborenes dürfte wie heute rund drei Kilogramm auf die Waage gebracht haben. Nach Körperhöhe abgestuft sollen für sechs- bis siebenjährige Kinder rund zwanzig Kilogramm und für 14- bis

15-jährige Jugendliche etwa 47,5 Kilogramm kalkuliert werden. Im nächsten Schritt gilt es zu überlegen, welche Teile des Körpers genutzt wurden und welchen Anteil des Körpergewichts diese ausmachen. Für die Muskulatur lässt sich ein Mittelwert von 32 Prozent ansetzen, für subkutanes Gewebe rund 14 Prozent, für Knochen und Knochenmark zwölf Prozent, Blut acht Prozent, Leber, Nieren und Herz zusammen drei Prozent, für Hirn mindestens zwei Prozent. Komponenten wie der Magen-Darm-Trakt, die Gallenblase, Geschlechtsorgane, Kot und Urin dürften entsorgt worden sein. Im modernen Schlachthof werden je nach Tierart verschiedene Teile zur Weiterverarbeitung genommen, um das Schlachtgewicht zu berechnen. Es beträgt bei heutigen Hochzuchtschweinen zum Beispiel 85 Prozent des Lebendgewichts, bei Rindern fünfzig Prozent, bei Kälbern etwa sechzig Prozent. Aus der Relation zwischen Lebend- und Schlachtgewicht ergibt sich die sogenannte Ausschlachtung, das heißt der Prozentsatz des Körpers, der einer Nutzung zugeführt wird.

Nun müssen die unterschiedlichen Nährwerte der einzelnen Organe berücksichtigt werden, so zum Beispiel das Gehirn mit etwa 130 kcal, Zunge und Muskelfleisch gegart um 200 kcal, Speck ca. 650 kcal und Knochenmark sogar 800 kcal (jeweils bezogen auf 100 Gramm). Bei einer angenommenen Ausschlachtung von 55 Prozent resultiert daraus für tausend Menschen – davon sechzig Prozent Erwachsene, je 15 Prozent Neugeborene und Kinder sowie zehn Prozent Jugendliche – eine Verfügungsmasse von insgesamt 83,7 Millionen kcal. Setzt man diese nun in Relation zu einem Tagesbedarf von 2300 kcal für einen Erwachsenen mit hoher körperlicher Aktivität, ergibt sich, wie viele Personen wie lange von den menschlichen Ressourcen in Herxheim hätten zehren können. Bei einer „Nutzungsdauer" der Anlage von zwei Jahren würde die anfallende Biomasse für etwa fünfzig Erwachsene ausreichen, über zehn Jahre hinweg könnten sich zehn Männer und Frauen davon ernähren und bei fünfzig Jahren würden die Schlachtkörper noch für zwei Menschen ausgereicht haben. Falls zu den Mahlzeiten auch Beilagen wie Fladenbrot, Gemüse oder Ähnliches verzehrt wurden, verdoppelt sich entweder die Zahl der Konsumenten oder die Verfügungsdauer des Vorrats. Je kürzer das angenommene Zeitfenster, desto mehr spielen die Anzahl der Esser und Fragen der Konservierung einer solchen Menge an Nahrungsmitteln eine Rolle.

Abstammung ja oder nein?

Besonders bemerkenswerte Resultate erbrachten neuere DNA-Untersuchungen an anderen Bandkeramikern, auch wenn die Stichprobengrößen hinsichtlich ihrer Repräsentativität noch diskutiert werden. Da zeichnen sich bei den Frauen engere Beziehungen zur mesolithischen Vorbevölkerung ab, während die männlichen Linien sich eher auf die mit der Ausbreitung der bandkeramischen Kultur aus Südosteuropa und dem Nahen Osten kommenden Einwanderer zurückführen lassen. Noch verwirrender ist, dass der sogenannte Haplotyp N1a bei den Bandkeramikern um mehr als hundertmal häufiger zu finden ist als bei heutigen Europäern. Es müssten in der Zwischenzeit also signifikante Veränderungen im Genpool stattgefunden haben. Zudem vertrug die Mehrzahl der Bandkeramiker keine Milch – die meisten von uns können es. So stellt sich die Frage, ob überhaupt und, wenn ja, wie viel bandkeramisches Blut noch in unseren Adern fließt? Vielleicht stammen wir ja doch nicht von Kannibalen ab …

5 AKTENZEICHEN BR 162 UNGELÖST

Dieser Fall ist eine Herausforderung an den Leser. Trotz einer Fülle von Anhaltspunkten hinsichtlich der Opfer und deren Auffindesituation sind die Todesumstände bis heute ungeklärt. Dies, die Zusammensetzung der Totengemeinschaft und deren Arrangement bieten reichlich Raum für Spekulationen. Das Grab reiht sich damit in die große Schar der Skelettfunde aus prähistorischen Zeiten ein, die keine konkreten Hinweise zur Todesursache erkennen lassen.

Symptome von Krankheiten, die mittelbar oder unmittelbar zum Tode geführt haben könnten, finden sich nur bei einem geringen Prozentsatz aller Verstorbenen. Doch alle, die bestattet oder einfach nur „entsorgt" wurden, egal welchen Alters, müssen an irgendetwas gestorben sein. Die hohe Dunkelziffer gründet im Wesentlichen auf zwei Faktoren. Zum Ersten dem Erhaltungszustand: Bei stark verwitterten Skeletten sind die häufig nur diskret ausgebildeten Veränderungen nicht mehr festzustellen. Zum Zweiten auf der Tatsache, dass überhaupt nur ein kleiner Teil der Krankheiten Spuren an Knochen oder Zähnen hinterlässt. So sind zum Beispiel ein Magengeschwür, eine Leberzirrhose oder ein Herzinfarkt nicht nachweisbar. Ähnliches gilt für Todesursachen wie Erfrieren, Ertrinken, Verdursten oder eine akute Vergiftung.

Dieselben Einschränkungen sind dafür verantwortlich, dass auch Anzeichen von Gewalteinwirkung nur selten gefunden werden. Dabei gilt es dann noch zu unterscheiden zwischen verheilten und unverheilten Defekten sowie zwischen Läsionen, die auf ein Unfallgeschehen oder interpersonelle Gewalt zurückzuführen sind. Es gibt durchaus Möglichkeiten, einen Menschen zu töten, ohne Spuren am Knochen zu hinterlassen – auch beim Einsatz von Waffen, zum Beispiel einem Stich in den Unterleib oder einem Schnitt durch die Kehle. Erfahrene Forensiker wissen, dass sich bei multiplen Stichverletzungen im Brustbereich meist nur ein Teil davon auch an den Rippen oder dem Brustbein abzeichnet. Die anderen Stiche treffen zwischen die Rippen und wären ohne die entsprechenden Weichteilwunden nicht erkennbar.

Die heutige Aufklärungsquote bei Mord und Totschlag liegt in Deutschland bei rund 97 Prozent. Nimmt man alle anderen im Juristendeutsch als „erfolgsqualifizierte Delikte mit Todesfolge" bezeichneten Tötungsdelikte – zum Beispiel Tod infolge von Vergewaltigung, Geiselnahme oder Brandstiftung – hinzu, sinkt der Prozentsatz geringfügig. Gleichzeitig muss jedoch bekanntermaßen mit einer erheblichen Zahl von nicht entdeckten Tötungen gerechnet werden, weil zu selten obduziert wird. Manche Gerichtsmediziner sprechen von fünfzig Prozent. Jeder hat von dem berüchtigten Fall gehört, bei dem der Hausarzt gutgläubig natürlichen Tod bescheinigt und dabei das Messer im Rücken des Verstorbenen übersehen hat. Und die Diagnose „Tod durch Herzversagen" ist genau genommen ja immer richtig.

Das Erdwerk von Bruchsal Aue

Die jungneolithische Michelsberger Kultur verdankt ihren Namen dem Michaelsberg bei Untergrombach, nur wenige Kilometer südwestlich von Bruchsal am Rand des Kraichgaus gelegen mit schönem Blick ins Rheintal. Von dort stammen die ersten Fundgegenstände (typische Keramikformen, Gefäße, Backteller und anderes), an deren Profil, Machart und Abmessungen die Archäologen erkennen können, in welchen chronologischen Kontext die Fundstelle gehört. Als allgegenwärtiges Leitfossil gilt der aufgrund seiner Form sogenannte Tulpenbecher, der seinerzeit offenbar zur Grundausstattung jedes Haushalts gehörte. Die Michelsberger Kultur datiert in einen Zeitrahmen von ca. 4400 bis etwa 3500 v. Chr. und gliedert sich in fünf Stufen. Sie war in Mitteleuropa vom Pariser Becken bis nach Thüringen und vom Niederrhein bis zur Schwäbischen Alb verbreitet.

Der Fundort Aue, ein sogenanntes Erdwerk, liegt auf einer Anhöhe am östlichen Rand von Bruchsal. Er wurde ab 1987 über sechs Jahre hinweg archäologisch erforscht. Demnach war die lössbedeckte Kuppe mit einem auf rund fünfhundert Meter Länge erhaltenen bogenförmigen Doppelgraben gegen das Umfeld abgegrenzt. Der umhegte Innenraum kann auf ca. fünf Hektar geschätzt werden. Im Norden der Anlage schloss sich ein etwa 140 Meter langer Quergraben an, der nach Osten hin ein zusätzliches Areal von zwei Hektar abriegelte. Hinter dem inneren Graben war der Aushub ehedem wohl zu einem Wall aufgeschüttet worden. In anderen Erdwerken werden zudem noch Palisaden- und Torkonstruktionen ergänzt. Den Tordurchlässen entsprechend waren die vorgelagerten Gräben von begehbaren Erdbrücken unterbrochen. Das Erdwerk von Bruchsal Aue scheint um 4000 v. Chr. gegründet und spätestens dreihundert Jahre später wieder aufgegeben worden zu sein.

Über die Funktion dieser im gesamten Verbreitungsgebiet bekannten Anlagen wird seit ihrer Entdeckung gestritten. Da in ihrem Inneren fast nie eindeutige Siedlungsstrukturen gefunden wurden, wird ihre Interpretation als befestigte Wohnplätze nicht von allen Spezialisten geteilt. Zur Diskussion stehen noch Fluchtburgen, Kultstätten, Herrensitze, Handelszentren oder Viehkrale. Wall und Graben sprechen zwar für Verteidigungsanlagen, jedoch muss nicht jedes Erdwerk durchgehend demselben Zweck gedient haben. Dasjenige vom „Hetzenberg" war sogar von drei Gräben umgeben. Auch das aus den Gräben geborgene Fundmaterial lässt sich am ehesten mit Siedlungsaktivitäten im weitesten Sinne in Einklang bringen. In den Gräben von Bruchsal Aue wurden neben Keramik, Steinartefakten, Holzkohle und Hüttenlehm nicht weniger als 40 000 Tierknochen gefunden, die fast ausschließlich als Schlacht- und Speiseabfälle zu deuten sind.

Wo sind die Gräber?

Ebenso typisch für die Michelsberger Kultur ist, dass die Ausgräber in den Erdwerksgräben zwar immer wieder auf menschliche Skelettteile stoßen, demgegenüber aber kaum Gräber bekannt sind. Es gibt keine größeren Friedhöfe aus dieser Zeit. Genau genommen wissen wir bis heute noch nicht, wie und wo die Michelsberger üblicherweise ihre Toten bestatteten. Man findet Teilskelette von im Graben entsorgten Leichnamen, Knochen mit Verbissspuren, die von Hunden in den Siedlungsbereich eingeschleppt wurden, Stücke, die Spuren von Gewalteinwirkung aufweisen, und solche, die als Gerätschaften verwendet wurden oder vielleicht mit kultischen Handlungen im Zusammenhang stehen. In diesem Punkt stellt das Erdwerk von Bruchsal Aue eine der seltenen Ausnahmen dar. In den Jahren 1988/89 wurden im Ostteil der Anlage sechs Grabstätten mit Skelettresten von insgesamt 16 Personen, drei Jahre später wurde noch ein weiteres Grab am Nordrand des Erdwerks

So oder ähnlich wurden seinerzeit auch zwei Frauenschädel aus Bruchsal Aue präsentiert. Hier eine Rekonstruktion zu dem vergleichbaren „Trophäenschädel" aus dem Michelsberger Erdwerk von Ilsfeld.

entdeckt. Das interessanteste davon ist zweifellos eine kreisförmige Mehrfachbestattung mit Skelettresten von neun Personen, von denen acht gleichzeitig beerdigt wurden.

Zwei Männer und sieben Kinder ...

Mit diesem Grab hatte niemand gerechnet. Unmittelbar unterhalb der Ackerkrume und teilweise bereits durch die Pflugschar des Landwirts in Mitleidenschaft gezogen, stießen die Archäologen nur etwa einen Meter jenseits des äußeren Grabens auf das Skelett eines vier- bis fünfjährigen Kindes in gestreckter, leicht nach links geneigter Rückenlage. Es trug eine durchbohrte Muschelschale um den Hals. Das Grab erhielt die Grabnummer 1 und laut Fundbuch die Befund-Nr. 162. Die anthropologische Untersuchung ergab später, dass die Knochen wahrscheinlich einem Mädchen zuzuordnen sind. Typische Veränderungen im Bereich der Augenhöhlen und auf der Schädelinnenseite lassen Rachitis, Vitamin-C-Mangel oder Ähnliches vermuten. Nachdem das Skelett dokumentiert und

Bruchsal Aue. Grab 1 (Befund 162) während der Ausgrabung. Die Skelettreste des zuletzt und obenauf bestatteten vier- bis fünfjährigen Mädchens waren zu diesem Zeitpunkt bereits abgeräumt worden.

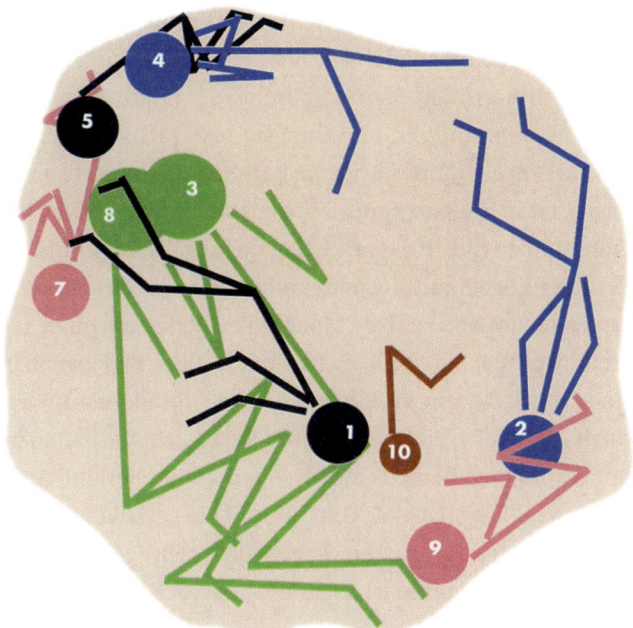

Bruchsal Aue. Schematische Umzeichnung der Fundsituation. Die ursprünglich als Nr. 6 bezeichneten Teile stellten sich später als zu Nr. 5 gehörig heraus.

verpackt worden war, glaubten die Ausgräber die Grabsohle einmessen und den Befund damit abschließen zu können. Doch zu ihrer Überraschung war der anstehende Lösslehm noch nicht erreicht. Etwa zehn Zentimeter unterhalb der Kinderknochen zeichnete sich eine unregelmäßig rundliche Grube mit einem Durchmesser von rund eineinhalb Metern ab. Und darin fanden sich Skelettreste von acht weiteren Personen. Als Konsequenz erhielt das zuerst geborgene Individuum die Nr. 1, die anderen wurden fortlaufend bis Nr. 10 durchnummeriert, wobei sich erst später herausstellte, dass 5. und 6. zur selben Person gehörten.

Nicht ganz im Zentrum des Grabes hatte man zwei nahezu gleichaltrige Männer direkt übereinandergelegt. Den unteren (Ind. 8), ca. 30 bis 35 Jahre alt und etwa 1,71 Meter groß, in linker Hocklage. Der obere (Ind. 3), um die 30 und ca. 1,68 Meter groß, war mit nach rechts angehockten Beinen, dem Oberkörper in Rü-

ckenlage und bis auf Höhe der Schultern erhobenen Händen gebettet worden. Sein Schädel war nach hinten gekippt, der Unterkörper mit drei großen Steinen beschwert. Beide zeigen relativ
robuste Knochen und ein mittelmäßig bis kräftig ausgebildetes
Muskelmarkenrelief. Um sie herum hatten die Bestatter sechs Kinder drapiert. Ein Neugeborenes – vielleicht wenige Wochen alt und
wohl ein Knabe (Ind. 10) – auf Höhe des Gesäßes von Ind. 3 ließ
sich in seiner Körperhaltung leider nicht mehr rekonstruieren. Die
übrigen waren im Kreis um die Männer wie Perlen auf einer Schnur
aufgereiht worden: ein zwölf bis 18 Monate altes Mädchen in linker
Hocklage (Ind. 7), ein knapp zweijähriges Mädchen in rechter
Hocklage (Ind. 5/6), ein zwei- bis dreijähriger Knabe in Bauchlage
und mit gespreizten Beinen (Ind. 4), ein drei- bis vierjähriges Mädchen als linksseitiger Hocker (Ind. 9) und ein sechsjähriger Knabe
in Rückenlage (Ind. 2), dessen rechtes Bein schräg gegen die Gru-
benwand lehnte. Von ihm ist sogar ein Teilstück des fragilen Zungenbeins überliefert.

... wahrscheinlich verwandt

Die Gebisse der Männer weisen Wurzelabszesse, Parodontose,
Zahnstein, Hinweise auf frühere Mangelsituationen und einen
identischen Fehlstand des ersten Prämolaren links oben auf. Dazu
kommen bei Ind. 8 zwei kariöse Zähne, ein möglicherweise infolge eines Schlages intravital ausgefallener oberer Schneidezahn,
Abtragungen der oberen Frontzähne, wie sie typisch sind für die
Verwendung des Gebisses als dritte Hand, und Anzeichen einer
Knochenhautentzündung am linken Schienbein. Sehr ähnlich sind
bei beiden auch die Form des Gesichtsschädels und eine Asymme-
trie der Kinnregion. Es spricht also einiges dafür, dass sie mitein-
ander verwandt waren. Auch die Kinder waren nicht rundum ge-
sund: Bis auf die beiden Mädchen Nr. 5/6 und 7 finden sich
durchgehend mehr oder weniger starke Zahnsteinablagerungen,
die mit Entzündungen am Kieferknochen einhergehen, zweimal
Hinweise auf Mangelerscheinungen (wie bei Ind. 1) und bei drei-

Bruchsal Aue. Die Schädel der beiden etwa dreißigjährigen Männer Nr. 3 und Nr. 8 ähneln sich in vielen Details. Es könnten Brüder oder Cousins gewesen sein.

en feinporöse Knochenauflagerungen, die ebenfalls auf entzündliche Prozesse zurückgeführt werden können (Ind. 5/6, 7 und 9). Der sechsjährige Knabe (Ind. 2) hatte seine oberen Schneidezähne schon deutlich abgenutzt.

Die Verteilung der anatomischen Varianten lässt vermuten, dass sowohl zwischen den Männern und zwei Kindergruppen wie auch den Kindern untereinander engere verwandtschaftliche Beziehungen bestanden. So weisen zum Beispiel der Knabe Nr. 2 und das Mädchen Nr. 9 eine besonders große Zahl von Übereinstimmungen auf, und die Individuen Nr. 2 und 4 sind gleichzeitig den Männern am ähnlichsten. Ihnen am unähnlichsten sind die beiden Säuglinge Ind. 5 und 7. DNA-Analysen sind derzeit am Biozentrum Martinsried der Ludwig-Maximilians-Universität in München in Arbeit.

Man darf wohl annehmen, dass die Verstorbenen seinerzeit mit Absicht in einer bestimmten Konstellation niedergelegt wurden, doch dieses Beziehungsgeflecht scheint komplizierter gewesen zu sein, als dass es sich allein durch die Parameter Alter, Geschlecht,

Seitenlage und Position nachvollziehen ließe. Außer dass die als eher weiblich anzusprechenden Kinder durchgehend in linker Seitenlage beigesetzt wurden, folgen die Körperhaltungen der bestatteten Personen keinem einheitlichen Schema.

Was die Tierknochen sagen

Zwischen den Menschenknochen kamen in Grab 1 noch 15 Skelettteile von Schafen und 81 Schweineknochen zutage, darunter einige Stücke, die als Gerätschaften für handwerkliche Tätigkeiten verwendet wurden und wahrscheinlich zur Ausrüstung der Bestatteten gehörten. Dazu kommen ein zu einem Knochenmesser umgearbeitetes Schulterblatt eines Hausrinds, ein im Fußbereich des sechsjährigen Knaben (Ind. 2) am Westrand der Grabgrube vorgefundener Oberarmknochen eines Auerochsen und eine als Schmuckstück oder Zierelement zu deutende durchbohrte Rothirschgrandel aus der Füllerde, die sich leider keiner der neun Personen zuweisen ließ.

Bei den Schafsknochen handelt es sich nach dem Inventar des Archäozoologen Karlheinz Steppan um fleischtragende Extremitätenabschnitte, also Teilskelette von drei Tieren unterschiedlichen Alters: zwei Hinterbeine und ein Vorderbein, die von ihrer Lage her wohl dem unten liegenden der beiden Männer zugedacht waren. Vergleichbares findet sich im gesamten Erdwerk nur noch einmal in Grab 5 (siehe unten). Die Schafsknochen aus den Erdwerksgräben sind dagegen eher als Schlacht- oder Speiseabfälle anzusprechen. Die Schweineknochen stammen von drei Ferkeln, die allesamt offenbar vollständig und zusammen mit dem oben liegenden Mann ins Grab gelegt wurden. Auch dies ist etwas Einzigartiges im Faunenmaterial der gesamten Fundstelle. Die Gräben enthielten eher fleischarme Partien sowie ein abweichendes Spektrum an Tierarten und Skelettteilen. Man kann die vorliegenden (Teil-)Skelette also zweifellos als Fleisch- oder Speisebeigabe für die Bestatteten deuten. Typische Portionierungs- und Brandspuren bestätigen, dass ein Teil davon zubereitet, vermutlich gegrillt worden war.

Ein rätselhaftes Szenario

Die Gretchenfrage zu Grab 1 lautet: Welche Situation könnte diesem Ensemble zugrunde liegen? Nicht nur, dass für keine der neun Personen die Todesursache eruiert werden konnte, auch die Zusammensetzung der Gruppe ist ungewöhnlich. Mehrfachbestattungen werden üblicherweise im Sinne von Schicksalsgemeinschaften interpretiert. Man kann meistens davon ausgehen, dass die Betroffenen gleichzeitig oder im Rahmen desselben Geschehens zu Tode kamen. Aber was könnten zwei Männer um die dreißig mit sieben Kindern unter sieben Jahren gemeinsam unternommen haben, und was könnte ihnen dabei zugestoßen sein? Und warum wurde eines der Kinder erst später obenauf gelegt? Das vier- bis fünfjährige Mädchen Ind. 1 stand zweifellos in einem Bezug zur Gruppe, ist aber offenbar in einem gewissen zeitlichen Abstand, nach neuesten ^{14}C-Daten vielleicht sogar erst Jahrzehnte später gestorben und dann als Nachbestattung hinzugefügt worden. Könnte der bei ihm gefundene Muschelanhänger vielleicht als Amulett zu interpretieren sein? Ansonsten wurden in keinem der anderen Gräber aus Bruchsal Aue persönliche Gegenstände entdeckt. Hat ihr Tod möglicherweise gar nichts mit dem Ableben der anderen zu tun? Wurde ihr Leichnam „nur" deswegen in der Nähe beigesetzt, weil sie als Schwester oder Tochter einem der Verstorbenen nahestand?

Mit Grab 1 chronologisch vergleichbare Mehrfachbestattungen von Erwachsenen mit mehreren Kindern in runden Gruben sind auch aus der Region zwischen Vogesen und Schwarzwald bekannt.

Ein Blick auf die anderen Gräber

Die Gräber des Erdwerks von Bruchsal Aue finden sich fast ausschließlich im nordöstlichen Teil des Grabensystems. Sie sind allerdings sowohl von ihrer Anlage als auch von ihrem Belegungsmodus her so uneinheitlich, dass sie durchweg als Sonderbestattungen anzusehen sind. Ein gemeinsamer Modus Operandi ist nicht erkennbar. Es gibt Schachtgräber, Gräber am Grabenrand, in der Grabenverfüllung und sogar solche, die unter die Grabensohle eingetieft wurden. Die Totenhaltung der Bestatteten schwankt von extremer Hocklage bis zu nur noch leicht angezogenen Beinen oder asymmetrisch positionierten Extremitäten mit dem Oberkörper in Bauch-, Seiten- oder Rückenlage. Und es gibt Gräber für Einzelpersonen wie auch solche mit Mehrfachbelegung.

In Grab 2 hatte man eine fünfzig- bis sechzigjährige, ca. 1,59 Meter große Frau in linker Seitenlage als Extremhocker mit an die Wangen angelegten Händen und bis an die Brust angezogenen Knien beigesetzt. Die Fersen berühren das Gesäß. Ihr Gebiss war in katastrophalem Zustand. Sie hatte Karies, sechs Zähne mit Wurzelvereiterungen, fünf weitere bereits zu Lebzeiten verloren – zwei davon wohl durch einen Schlag von vorn – und litt unter Osteoporose sowie einer schweren Arthrose im rechten Knie. Der rund vierzigjährigen, ca. 1,57 Meter großen Frau aus Grab 3 ging es auch nicht viel besser. Sie plagte sich mit starken Schmerzen im Bereich der Wirbelsäule und hatte bereits mehr als die Hälfte der Zähne eingebüßt. Osteoporose, massive Zahnsteinablagerungen und extrem stark abgekaute Frontzähne vervollständigen den Befund. Sie wurde ebenfalls in linker Seitenlage und mit bis in Brusthöhe angezogenen Knien beerdigt. Die auffallend abweichende Schädelform könnte auf fremde Herkunft deuten.

Das ausgesprochen schmale und mit Kalksteinen verschlossene Schachtgrab Nr. 4 barg die Skelettreste eines etwa 1,73 Meter großen, fünfzig- bis sechzigjährigen Mannes in rechtsseitiger Hocklage: die Arme angewinkelt, die rechte Hand vor der Stirn, die linke auf der linken Schulter, das linke Bein stark angezogen. Ihn kennzeichnen unter anderem stark vorstehende Zähne, eine archaisch wirkende Überaugenregion, arthrotische Veränderungen, kräftige Muskelansatzstellen sowie ein fast schon obligatorisch schlechtes Gebiss.

Bei Grab 5 handelt es sich um die zweite Mehrfachbestattung der Serie: eine runde Grube mit einem Durchmesser von etwa 1,20 Meter und zahlreichen Tierknochen in der Füllerde. Nachgewiesen werden können Rind, Schwein, Schaf, Auerochse und Fischwirbel. Hier wurden der Unterkörper einer etwa vierzigjährigen, ca. 1,55 Meter großen Frau mit gespreizten und verdrehten Beinen und zwei Kinder – eines als Extremhocker auf der linken Seite liegend, das zweite in Bauchlage mit seitwärts abgewinkelten Armen und zurückgeschlagenem rechten Bein – gefunden. Vom Skelett der Frau fehlen der Schädel, beide Arme, der Brustkorb und beide Füße. Verbissspuren an den vorhandenen Partien zeigen, dass ihr Leichnam länger im Freien lag und angefressen wurde, bevor er unter die Erde kam. Das vier- bis fünfjährige, hinsichtlich seines Geschlechts unbestimmte Kind mit Parodontose und extrem stark abgekauten Oberkieferzähnen scheint als einziges mit Bedacht niedergelegt worden zu sein. Der acht- bis zehnjährige Knabe zeigt dieselben Phänomene: zwei kariöse Milchzähne, Hinweise auf Eisen- oder Vitamin-C-Mangel und bereits kräftige Muskelmarken im Schulterbereich. Sein Leichnam ist offenbar in die Grube hineingeworfen worden.

Grab 6 ist wahrscheinlich gar kein Grab. Es fanden sich lediglich Teile des Schädels, eine rechte Beckenhälfte, zwei Oberschenkelknochen, eine rechte Kniescheibe und ein linkes Wadenbein, die von einem Mann und einer Frau stammen und nur noch teilweise im anatomischen Verband angetroffen wurden. Grab 7 schließlich enthielt die Skelettreste einer dreißig- bis vierzigjährigen Frau, erneut mit desaströsem Zahnbefund, aber nur schwachen degenerativen Veränderungen. Ihre Körperhaltung in Fundlage erinnerte an eine Eisschnellläuferin im Sprint.

Hinsichtlich ihrer Alters- und Geschlechtsverteilung sind diese Grabfunde keinesfalls repräsentativ. Es bleibt nach wie vor ein Rätsel, wie und wo die Michelsberger ihre Verstorbenen regulär beisetzten.

6 „EHRENMORDE"
AN DER SAALE?

Mit diesem Fall bewegen wir uns in der Endphase der Jungsteinzeit, der sogenannten Schnurkeramischen Kultur. Diese war in
Mitteleuropa, in Südskandinavien und bis nach Russland verbreitet. Sie dauerte von etwa 2900 v. Chr. bis zum Übergang in die
ältere Frühbronzezeit rund 2000 v. Chr. Man darf sich allerdings
von der Einstufung in die Steinzeit nicht täuschen lassen, denn es
gab durchaus schon Gegenstände aus Metall: Kupfer und Gold.
Man denke nur an den berühmten Eismann aus den Ötztaler Alpen,
der über fünftausend Jahre alt ist und neben anderen Utensilien
ein Kupferbeil bei sich trug. Diese Unschärfe hinsichtlich der tra-
ditionellen Einteilung nach Steinzeit, Bronzezeit, Eisenzeit usw.
hat schon manchen Archäologiestudenten verunsichert. Ungeach-
tet dessen waren die meisten nichtkeramischen Gerätschaften der
Schnurkeramiker aus Stein, Knochen, Holz und anderen natürlichen Werkstoffen hergestellt. Wie die Bandkeramik trägt auch
die Schnurkeramik ihren Namen aufgrund typischer Verzierungs-
muster auf ihren Gefäßen. Die schnurkeramischen Becher sind mit
Abdrücken gedrillter oder gedrehter Schnüre dekoriert.

Eine Zeitlang parallel zur Schnurkeramik existierten in angrenzenden Gebieten unter anderem die Glockenbecherkultur (ca.
2600–2200 v. Chr.) sowie die Schönfelder Kultur (ca. 2800–
2200 v. Chr.), und es kam zu entsprechenden Kontakten.

Während wir hier also quasi noch auf den Bäumen hockten,
wurden in Ägypten die Pyramiden gebaut (um 2500 v. Chr.). Trotz-

dem haben wir allen Grund, unsere schnurkeramischen Vorfahren zu bewundern, denn sie führten schon zu dieser Zeit operative Eingriffe am Schädel durch – meist mit Erfolg. Aufgrund des gehäuften Auftretens spezifischer Trepanationstechniken scheint es in einzelnen Regionen sogar regelrechte „Chirurgenschulen" gegeben zu haben.

Männer rechts, Frauen links

Das ist kein Hinweis auf die Lage der Sanitärräume oder den Saunabereich, in dem man ausschließlich Vertreter des eigenen Geschlechts antrifft, sondern eine Bestattungsregel der Schnurkeramiker. Sie wurde 1956 erstmalig von Ulrich Fischer formuliert, nachdem er Gräber aus dem Mittelelbe-Saale-Gebiet untersucht hatte. Als Archäologe stützte er sich dabei auf die Beigaben und schrieb den Individuen, die mit Äxten, Stein- und Knochengeräten sowie Eberzahnschmuck versehen und gleichzeitig stets auf der rechten Seite liegend beigesetzt waren, männliches Geschlecht zu. Im Gegensatz dazu wurden ohne Waffen, aber mit Zahn-, Muschel- und Kupferschmuck beerdigte Personen als weiblich deklariert – diese waren meistens in linksseitiger Hocklage niedergelegt. Die Krux ist allerdings, dass viele schnurkeramische Gräber beigabenlos sind, und spätere anthropologische Untersuchungen zeigten, dass sich unter den links liegenden Hockern auch Männer befanden.

In den letzten fünfzig Jahren wurden eine größere Zahl weiterer Gräberfelder, kleinere Gräbergruppen und Einzelgräber aus dieser Zeit entdeckt und ausgewertet, und es wird immer deutlicher, dass sich manche Regionalgruppen offenbar nur tendenziell oder auch gar nicht an die Regel aus Mitteldeutschland hielten – vielleicht unter dem Einfluss der Glockenbecherleute, bei denen die geschlechtsspezifische Seitenlage genau umgekehrt gehandhabt wurde: Männer links, Frauen rechts. Mit fortschreitender Dauer und zunehmender Entfernung finden sich bei den schnurkeramischen Frauen knapp zwanzig Prozent, bei den Männern sogar über die Hälfte und im Schnitt aller Schnurkeramiker rund 25 Prozent

„Falschlieger". Trotzdem hat sich dieses Schema in den Köpfen der Archäologen festgesetzt.

Die seitliche Hocklage im Grab findet sich im Übrigen seit der Altsteinzeit und wird gemeinhin als nachempfundene Schlafstellung interpretiert. Wie moderne Schlafforscher bestätigen, ist die Seitenlage mit angezogenen Beinen und vor dem Gesicht platzierten Händen auch heute noch die häufigste Schlafposition. Hinsichtlich der Totenhaltung der Schnurkeramiker wurden zudem auch die Lage des Oberkörpers und dessen Ausrichtung nach den vier Himmelsrichtungen diskutiert. Dabei ist die Rückenlage nicht selten auf eine Verkippung aus der ursprünglichen Seitenlage zurückzuführen, also als sekundäre Verlagerung im Grab zu werten. Desgleichen sind die „Falschlieger" bisweilen auch „falsch" orientiert. Dass die frauentypisch bestatteten Männer durchweg als Homosexuelle anzusehen seien, dürfte aber in diesem Kontext eher anekdotisch zu werten sein.

Exzeptionelle Funde aus Eulau

Die berühmtesten Skelettreste der Schnurkeramik sind zweifellos jene von zwei Männern, drei Frauen und acht Kindern vom Säuglingsalter bis zum neunten Lebensjahr, die 2005 nahe Eulau bei Naumburg/Saale (Sachsen-Anhalt) verteilt auf vier Mehrfachbestattungen ausgegraben wurden. Radiokarbondaten stellen die Funde, die das Time Magazine unter den Top 10 der wichtigsten wissenschaftlichen Entdeckungen führt, in die Zeit um 2600 v. Chr. Einem international besetzten Forscherteam um den bekannten Prähistoriker Harald Meller – Archäologen, Anthropologen, Paläogenetiker, Kriminologen und Biochemiker – gelang es, die Familienverhältnisse der einzelnen Individuen zu entschlüsseln und einen spannenden Kriminalfall aus der Vorgeschichte zu rekonstruieren. In drei Fällen dokumentieren Spuren von Gewalteinwirkung deren Todesursache.

In Zusammenarbeit mit den beteiligten Wissenschaftlern wurde das Geschehen vom ZDF in der Reihe „Terra X" in Szene gesetzt, gleichzeitig in Buchform veröffentlicht und in eine fiktive Story gefasst. Die Fundstelle mit insgesamt 18 Gräbern war im Rahmen der Luftbildprospektion in einem Kiesabbaugebiet entdeckt worden. Die Knochenerhaltung ist optimal – ein Grund dafür, dass DNA-Analysen in größerem Umfang erfolgreich durchgeführt werden konnten. Nach detaillierter Untersuchung stellten sich die vier im Block geborgenen Befunde folgendermaßen dar:

In *Grab 90* wurden eine etwa 1,54 Meter große 25- bis 35-jährige Frau in linksseitiger Hocklage und ein vier- bis fünfjähriges Kind auf der rechten Seite liegend gemeinsam bestattet. Die beiden scheinen sich direkt anzublicken. Das Geschlecht des Kindes ist nach morphologischen Kriterien nicht zu bestimmen. Auch die Paläogenetik liefert keinen Hinweis. Trotz rechter Seitenlage wird es aufgrund seiner Ost-West-Orientierung als weiblich angesprochen. Die Frau trug einen Tierzahnanhänger um den Hals. Obwohl die DNA-Analyse hinsichtlich einer möglichen Verwandtschaft zwischen den beiden stumm bleibt, wird angenommen, dass es

Eulau. Detailaufnahme aus dem Unterleibsbereich der 25- bis 35-jährigen Frau aus dem Doppelgrab Nr. 90. Im vierten Lendenwirbel steckt eine querschneidige Pfeilspitze, wie sie für die Schönfelder Kultur typisch ist.

sich um Mutter und Tochter handelt. Im vierten Lendenwirbel der Frau steckt eine Pfeilspitze, die von links vorn in den Unterleib eingedrungen ist und dabei wahrscheinlich die Bauchschlagader durchschlagen hat. Eine zweite fand sich in der Herzgegend. Diese dürfte links vom Brustbein zwischen der sechsten und siebten Rippe eingedrungen sein. Beide Verletzungen waren tödlich.

Grab 93 enthielt die Skelettreste eines etwa 1,82 Meter großen 25- bis 40-jährigen Mannes in rechtsseitiger Hocklage, eines gleich ausgerichteten, etwa fünfjährigen Kindes auf seiner Rückseite sowie eines ihm zugewandten vier- bis fünfjährigen Kindes vor seinem Bauch in linker Seitenlage. Wie zuvor kann das Geschlecht der Kinder weder nach anthropologischen Merkmalen noch per DNA bestimmt werden. Das hintere wurde in typisch männlicher Manier niedergelegt. Die in dessen Rücken gefundenen Beigaben – Steinbeil und Knochenpfriem – könnten allerdings auch dem Erwachsenen zugedacht gewesen sein. Das jüngere Kind liegt zwar auf der linken Seite, doch sein Kopf weist nach Westen. Demnach wurden die beiden Kleinen als männlich eingestuft. Ob es sich bei dem Mann, der in der szenischen Umsetzung des Geschehens später als der „Riese von Eulau" bezeichnet wurde, um den Vater der beiden Knaben handelt, lässt sich genetisch nicht belegen. Frakturen an seinem rechten Unterarm und am Handgelenk werden als Abwehrverletzungen gedeutet.

In *Grab 98* wurden eine etwa 1,57 Meter große 30- bis 38-jährige Frau in linker Hocklage und drei Kinder angetroffen: ein sechs bis zwölf Monate alter Säugling vor dem Bauch der Frau, auf der rechten Seite liegend, aber ob seiner Ost-West-Ausrichtung trotzdem als weiblich angesprochen; ein vier- bis fünfjähriges Mädchen in linker Seitenlage sowie ein sieben- bis neunjähriger Knabe in rechter Seitenlage zusammen mit einer Steinaxt und einem Knochenpfriem – beide hinter der Frau deponiert. Mit Ausnahme des Säuglings ließen sich die Geschlechtsdiagnosen der Bestatteten molekulargenetisch untermauern. Außerdem scheinen die beiden älteren Kinder Geschwister gewesen zu sein, während die Frau, die eine Silexklinge bei sich trug, definitiv nicht deren Mutter war. Sie wird als Tante

Eulau. Der Schädel der 30- bis 38-jährigen Frau aus Grab 98 zeigt in der rechten Scheitelregion zwei gleich ausgerichtete Lochdefekte, die als Hiebverletzungen gedeutet werden.

oder Stiefmutter geführt. Der Schädel der Frau weist in der rechten oberen Scheitelregion zwei größere, scheinbar geformte, unregelmäßig linsenförmige Lochfrakturen auf, die Berstungsausläufer zum rechten Schläfenbein und zur Lambdanaht aufweisen. Die Perforationen stehen parallel zueinander und sind wahrscheinlich auf Hiebe mit einem Steinbeil oder Ähnlichem zurückzuführen, das von rechts hinten oben auftraf. Die Frau wurde also erschlagen – angesichts der Lage der beiden Defekte zueinander wahrscheinlich in einem Moment, als sie bereits regungslos am Boden lag.

Grab 99 – der Knüller

Diese Bestattung ließ die Fachwelt aufhorchen – der brisanteste Fund des gesamten Ensembles. Aus Grab 99 bargen die Ausgräber Skelettreste von vier Personen. Sie stammen von einem etwa 1,69 Meter großen vierzig- bis sechzigjährigen Mann in rechter Hocklage, versehen mit Steinaxt und Knochennadel, einer ca. 1,54 Meter großen 35/40- bis 50-jährigen Frau, die auf der linken Seite lag und der man zwei Silexklingen mitgegeben hatte, sowie – jeweils in Blickkontakt mit den beiden Erwachsenen – ein acht- bis neunjähriger Knabe, entgegen der Norm in linker Seitenlage, sowie ein vier- bis fünfjähriger Knabe mit zwei Silexklingen und in rechter Hocklage, mit dem Kopf nach Westen weisend. In diesem Fall konnten sowohl die Geschlechtszugehörigkeit als auch die verwandtschaftlichen Beziehungen per DNA geklärt werden. Die vier stellen damit die bislang älteste nachgewiesene Kernfamilie der Welt dar! Eine unregelmäßig konturierte Lochfraktur am rechten unteren Hinterhaupt des Acht-

Eulau. Die Viererbestattung Grab 99 in Fundlage und als Blockbergung im Museum in Halle/Saale zu sehen. Erbgutanalysen erbrachten den Nachweis, dass hier Vater, Mutter und zwei Söhne bestattet wurden.

bis Neunjährigen wird als tödliches Trauma gedeutet, zurückzuführen auf einen Hieb mit einem Steinbeil von hinten. Einige verdächtige Bruchkanten an den Schädeln der Erwachsenen könnten auch während der Liegezeit entstanden sein und bedürfen noch näherer Abklärung. Unverheilte Frakturen an beiden Händen des Mannes werden erneut als Abwehrverletzungen klassifiziert. Ein Bruch der linken Elle war bereits vor längerer Zeit abgeheilt.

Alle vier Gräber enthielten zudem größere Abschnitte von Schweinen – Schulter und Brustrippen –, die zweifellos als Speisebeigaben für das Jenseits zu werten sind. Bei insgesamt drei Kindern wurde das Geschlecht ausschließlich anhand ihrer Ausrichtung und Seitenlage bestimmt.

Die Traumata – eine diffizile Angelegenheit

Die im Detail vorgefundenen Verletzungen sind nicht leicht zu interpretieren. Die Tatsache, dass die Gräber im Block geborgen und präpariert wurden, erschwert die detaillierte Analyse der Befunde. Insbesondere bei der Deutung von Schädeldefekten gelten der Innenansicht des Knochens sowie dem Bruchverlauf und -profil besondere Aufmerksamkeit hinsichtlich der Bestimmung des einwirkenden Gegenstands, seiner Form und Größe. Davon hängt auch die unter Annahme einer bestimmten Gerätschaft mögliche Rekonstruktion der Täter-Opfer-Geometrie entscheidend ab.

Geschwungene Bruchkanten können zufällig geformte Schnittkanten vortäuschen. Bei Einpassversuchen an den beiden Lochfrakturen am Schädel der Frau aus Grab 98 wird die schnurkeramische Facettenaxt als zu schmal erachtet, um damit die hintere Läsion zu erzeugen, und daraufhin als mögliches Tatwerkzeug ausgeschlossen. Ein für die Schönfelder Kultur typisches Beil mit breiterer Schneide „passt" demgegenüber besser in die vordere der beiden Wunden und gilt damit als Tatwaffe. Doch je nach Auftreffwinkel und Eindringtiefe lassen sich auch mit breiter Schneide ein kleiner Defekt und mit einer schmalen Schneide ein größerer Defekt erzeugen. Im vorliegenden Fall scheint es sich zumindest bei einem der beiden um eine offene Schädel-Hirn-Verletzung gehandelt zu haben. Es ist allerdings eher unwahrscheinlich, dass die Frau auf der Flucht von hinten erschlagen wurde.

Für die beiden Pfeilschüsse, die die Frau aus Grab 90 von links vorn getroffen haben, sind verschiedene Varianten denkbar. Als Ferneinwirkung steht außer Zweifel, dass zwei Schützen aus ähnlicher Position mehr oder weniger gleichzeitig abgezogen haben müssten. Ansonsten hätte sich das Opfer nach dem ersten Treffer gekrümmt, wäre getorkelt und/oder zu Boden gesunken. Für Profischützen mit Langbogen wird eine Frequenz (Kadenz) von sechs bis zwölf Schuss pro Minute angegeben. Nimmt man einen Mittelwert von neun an, bleiben knapp sieben Sekunden fürs Anlegen, Ausziehen und Visieren – ausreichend Zeit für die Getroffene, ihre Körperhaltung zu ändern. Nicht ausgeschlossen werden kann daher, dass die Pfeilschüsse aus nächster Nähe auf das bereits mehr oder weniger regungslos am Boden liegende Opfer abgegeben wurden. Angesichts der anzunehmenden Verletzungen ist es in diesem Fall obsolet, Überlebenschancen zu diskutieren.

Bei dem Schädeldefekt des acht- bis neunjährigen Knaben aus Grab 99 kommt dem Bruchverlauf nach zu urteilen eher stumpfe Gewalt in Frage, ebenso bei den unverheilten Frakturen im Bereich der Unterarme und Hände beider Männer, die sich offenbar gegen direkte Angriffe mit Keulen oder anderen Gegenständen mit stumpfer Einwirkungsfläche zu erwehren suchten. Leider werden die Bruchkanten nicht im Detail beschrieben. Man könnte daraus die Anstoßrichtung und Armhaltung im Moment des Auftreffens ableiten und den Handlungsablauf noch detaillierter rekonstruieren. Bei beiden Männern müssen am Skelett nicht erkennbare Weichteilverletzungen zum Tode geführt haben.

Dass nur bei fünf der 13 Skelette Traumatisierungsspuren registriert wurden, verwundert nicht. Auch in dem bandkeramischen Massengrab von Talheim weisen nur knapp sechzig Prozent der Individuen entsprechende Läsionen auf. Man darf also durchaus annehmen, dass alle in den vier Mehrfachbestattungen von Eulau Bestatteten ein gewaltsames Ende fanden.

Was die Indizien sonst noch sagen

Wie aus anderen Grablegen bekannt, wurden auch die Eulauer Gewaltopfer pietätvoll beerdigt. Die Altersstruktur und die Relation der Geschlechter zeigen, dass ein Teil der Gemeinschaft fehlt – es gab also überlebende Angehörige. Die Beisetzung erfolgte ohne größeren Zeitverzug, da die Knochen keine Verbissspuren aufweisen. Durch das Arrangement der Toten wurden anscheinend deren familiäre Beziehungen zum Ausdruck gebracht. Körperhaltung und Position einzelner Personen weichen vom Kanon ab. Ob jedoch in jedem der Fälle die Tradition bewusst hintangestellt wurde, oder ob die eingangs erwähnte „Fehlliegerquote" zum Tragen kommt, muss trotz aller wissenschaftlichen Bemühungen offen bleiben.

Den Strontiumisotopenanalysen zufolge sind die drei Frauen nicht in Eulau und Umgebung aufgewachsen. Sie könnten also per Heiratsmigration dorthin gelangt sein. Ihre Messwerte weisen auf einen geologischen Untergrund hin, wie er am nächsten gelegen etwa sechzig Kilometer nordwestlich vom Fundort anzutreffen ist. Die Daten weichen zwar deutlich von denen der Männer und Kinder ab, aber sie streuen relativ stark. Die Frauen haben sich demnach in ihrer Kindheit unterschiedlich ernährt und könnten auch aus verschiedenen Dörfern oder Sippen stammen. Hinweise auf Exogamie und Patrilokalität wurden auch schon in anderen Ensembles gefunden, wie zum Beispiel in Talheim oder bei den spätbronzezeitlichen Skeletten aus der Lichtensteinhöhle bei Osterode. Dass zuweilen die Männer zum Wohnort der Frauen zogen, konnte jüngst für die Mehrfachbestattung der Michelsberger Kultur aus Heidelberg-Handschuhsheim nachgewiesen werden.

Wie aus einschlägigen Krimis bekannt, konzentriert sich die Tätersuche bei Gewaltverbrechen zunächst auf das soziale Umfeld des Opfers. Das hat seinen guten Grund, denn Kriminalstatistiken belegen, dass der Täter in über achtzig Prozent der Fälle dort zu finden ist. Aber es sind beileibe nicht immer Familienangehörige, die überführt werden. Nachbarn, Geschäftspartner und sonstige

Kontaktpersonen sind gleichermaßen erste Wahl. Im vorliegenden Fall bieten die beteiligten Fachleute ein Szenario an, wonach die Eulauer Frauen von Mitgliedern ihres ehemaligen Stammes, wahrscheinlich sogar Blutsverwandten getötet wurden, um einen vorangegangenen Frauenraub zu rächen. Oder sind die Frauen damals freiwillig mitgegangen? Als zusätzliche Indizien gelten das verwendete Steinbeil und die bei der Frau aus Grab 90 vorgefundenen Pfeilspitzen, sogenannte schmale Querschneider, die tiefe große Wunden reißen und in dieser Form wiederum charakteristisch für die Schönfelder Kultur sind. Von dorther würden die Frauen und die Täter stammen. Doch fremde Pfeilspitzen müssen nicht zwangsläufig auch von Fremden verschossen worden sein. Ein Handel mit vorgefertigten Projektilen und anderen Steingeräten ist nicht grundsätzlich auszuschließen.

Ein Killerkommando aus dem Harz

Die Experten nehmen an, dass die Eulauer von feindlichen Kriegern der Schönfelder Kultur überfallen wurden, als ein Teil der Dorfbewohner nicht zu Hause war. Lediglich zwei Männer – infolge früherer Verletzungen körperlich eingeschränkt – seien bei den Frauen und Kindern geblieben. Dieser aus zehn oder mehr Kämpfern bestehende Trupp hätte die vormals zu ihrem Stamm gehörenden Frauen, die beiden zufällig anwesenden Eulauer Männer und die acht Kinder als Vergeltung für die seinerzeitige Entführung getötet. In der fiktiven Handlung werden die Frauen als „Verräterinnen" und ihr Nachwuchs als „Kinder des Verrats" oder „Kinder der Schande" bezeichnet, die auf diese Weise mit dem Tode bestraft worden seien. Demnach wäre verletzte Ehre das entscheidende Motiv für die Tat gewesen – Rache der einzige Weg, die Schmach zu tilgen. Aspekte von Ethik und Moral dürften allerdings mit zum Schwierigsten gehören, was überhaupt aus den Hinterlassenschaften schriftloser Kulturen herauszulesen ist, und es bedarf längerer Erörterungen, um herauszuarbeiten, inwieweit derartige Wertvorstellungen bereits in ruralen Gesellschaften etabliert waren.

Der von den Bearbeitern angebotene Handlungsstrang ist eine Hypothese, doch einige Indizien sind nicht zwingend. Sie lassen auch alternative Deutungsmöglichkeiten zu: Das älteste Kind ist acht bis neun Jahre alt; dazu kommt die Schwangerschaftsdauer. Warum fand der Rachefeldzug der Schönfelder Krieger erst zehn Jahre – damals fast ein halbes Menschenleben – nach der Entführung oder dem Weggang der Frauen statt? Eine kleine Ewigkeit, um mit der Schande zu leben. Als landwirtschaftlich geprägte Gesellschaft war beiden Gruppen der Wert von Frauen und Kindern als Arbeitskräfte und Garanten der Versorgung älterer Angehöriger bewusst. Hätte man diese tatsächlich allein aus Gründen der Ehre getötet?

Die „Meuchelmörder" der Schönfelder Kultur müssten bei ihrem Feldzug hin und zurück fast 150 Kilometer über feindliches Territorium gezogen sein. Auch zu Pferd kein einfaches Unterfangen für einen Stoßtrupp, der auf fremdem Terrain Kontakt mit Einheimischen vermeiden muss. Und woher sollten sie gewusst haben, in welches Dorf man ihre Frauen gebracht hatte? Im Rahmen einer Beziehungstat kommen prinzipiell auch Täter aus dem unmittelbaren Umfeld von Eulau, vielleicht aus einem Nachbarort in Frage. Wurden die fremden Pfeilspitzen vielleicht erbeutet und mitgenommen, als die Männer seinerzeit die Frauen holten?

Die Frauen waren zum Zeitpunkt ihres „Raubes" mindestens 15, 20 und 25, vielleicht auch schon 25, 28 und 40 Jahre alt, wonach diejenige aus Grab 99 auch für heutige Verhältnisse als Spätgebärende einzustufen wäre. Hätte man eine ältere Frau entführt? Der eindeutig als Vater identifizierte Mann aus Grab 99 war bei der Geburt seines jüngeren Sohnes ebenfalls schon in fortgeschrittenem Alter – mit 45 bis 55 Jahren gehörte er in der Jungsteinzeit eher zu den Senioren. Nur für Grab 99 konnte der genetische Abstammungsbeweis erbracht werden. Vielleicht entstammten aber gar nicht alle acht vorgefundenen Kinder einer Beziehung zwischen einer Schönfelder Frau und einem Eulauer Mann. Die Angreifer hätten das bei ihrer Vergeltungsaktion nicht erkennen können.

7 „... NOCH AM NÄCHSTEN TAG ROT VOM BLUT"

... sei das Wasser des Flüsschens Aeson nach der Schlacht bei Pydna im Jahr 168 v. Chr. gewesen, in der die Makedonier unter Perseus von den Römern besiegt wurden und über 20 000 Mann verloren, schreibt der griechische Philosoph und Schriftsteller Plutarch rund 250 Jahre nach dem Ereignis. Vergleichbar hohe Verluste erlitten die Osmanen unter Sultan Mustafa II. gegen Prinz Eugen von Savoyen, die sich in der Schlacht bei Zenta (Ungarn) im September 1697 an der Theiss gegenüberstanden. Am Ende war der Fluss voller Leichen. So oder ähnlich kann man sich das Szenario im Tollensetal nördlich von Neubrandenburg vorstellen, dem die bronzezeitlichen Skelettreste zuzuordnen sind, die in diesem Kapitel vorgestellt werden.

Die Bronzezeit gehört zu jenen Epochen, von denen wir noch vergleichsweise wenig wissen. Bisherige Funde wie die inzwischen weltberühmte, etwa 3600 Jahre alte Himmelsscheibe von Nebra ermöglichen zwar punktuelle, in diesem Fall sogar sensationelle Einblicke in kleinere Fundregionen, technologische und handwerkliche Fähigkeiten, Handelsbeziehungen, religiöse Vorstellungen und Ähnliches, doch im Gegensatz zu Jungsteinzeit, Römerzeit oder dem Frühmittelalter sind die überkommenen Hinterlassenschaften rar. Das gilt auch für menschliche Überreste. Wenigen größeren Gräberfeldern wie jenem im niederösterreichischen Franzhausen stehen zwar mehrere kleinere Nekropolen gegenüber, aber mancherorts sind die Knochen derart schlecht erhalten, dass sie nur noch einen Bruchteil an Informationen liefern. So sind einzelne Fundprovinzen auch unter anthropologischen Gesichtspunkten nur spärlich repräsentiert.

Dazu kommt ein Wechsel in der Bestattungssitte: Die späte Bronzezeit wird nach dem Übergang von der Körper- zur Brandbestattung (um 1200/1300 v. Chr.) auch Urnenfelderzeit genannt, unter Fachleuten Hallstatt A und B. Die Toten werden üblicherweise eingeäschert, der Leichenbrand wird in Urnen in Flachgräbern beigesetzt. Im Unterschied dazu hatte man in der vorhergehenden mittleren Bronzezeit noch Hügel über Körperbestattungen aufgeschüttet. Leichenbrände erlauben jedoch im Vergleich mit unverbrannten Skeletten nur eingeschränkte Aussagen.

Die Menschen ernährten sich von Haustieren (Rind, Schwein, Schaf, Ziege), Wildbret, Fisch, Getreide (Dinkel, Gerste, Hirse), verschiedenen Hülsen- und Beerenfrüchten, Holunder, wildem Kohl, Haselnüssen und Holzäpfeln. Ob auch Milchprodukte auf ihrem Speisezettel standen, ist schwer nachzuweisen.

Tatwerkzeug Poloschläger

Anders als die Frankfurter Grüne Soße, die ursprünglich in Italien kreiert wurde, und das vermeintlich französische Frühstückscroissant, das bekanntlich aus Österreich stammt, gelten Polo und Krocket als urenglische Spiele – von Kolonialoffizieren aus Indien mitgebracht bzw. aus Persien eingeführt. Und Baseball gilt als die amerikanische Sportart schlechthin. Nach bronzezeitlichen Funden aus der Nähe von Weltzin (Landkreis Demmin) im Osten Mecklenburg-Vorpommerns muss die Geschichte nun womöglich umgeschrieben werden – zumindest, was die speziell bei diesen Aktivitäten eingesetzten Gerätschaften betrifft.

Nördlich von Altentreptow und auf einer Strecke von ein bis zwei Kilometern entlang der Tollense stießen die Ausgräber in mehreren Dutzend Sondagen im Uferbereich wie auch bei unterwasserarchäologischen Untersuchungen im Flussbett auf Holzreste, Menschen- und Tierknochen, die größtenteils in die ausgehende ältere

Bronzezeit datieren. Sie lassen sich über [14]C- und dendrochronologische Daten in ein relativ enges Zeitfenster von etwa 1300 bis 1200 v. Chr. einordnen. Baggerfunde aus verschiedenen Epochen waren aus diesem Areal bereits seit einiger Zeit bekannt, doch die Schlüsselfunde, die den Platz zu einer der spektakulärsten archäologischen Entdeckungen der letzten Dekaden werden ließen, stammen aus den 1990er Jahren – aufgespürt durch den ehrenamtlichen Denkmalpfleger Ronald Borgwardt, dessen Erkundungsgänge ihn immer wieder auch an das Flussufer führten. Inzwischen hat sich das Ganze zu einem von der Deutschen Forschungsgemeinschaft geförderten Großprojekt unter Leitung der Archäologen Detlef Jantzen vom Landesamt für Kultur und Denkmalpflege in Schwerin und Thomas Terberger vom Lehrstuhl für Ur- und Frühgeschichte der Universität Greifswald entwickelt. Ziel des Teams sind unter anderem die Landschaftsrekonstruktion anhand geowissenschaftlicher und botanischer Untersuchungen sowie paläogenetische Analysen zur Herkunft der Menschen, die hier zu Tode gekommen sind.

Das Tollensetal ist in diesem Bereich etwa vierhundert Meter breit. Die Fundkonzentrationen liegen unter bis zu zwei Meter dicken Torfschichten – teilweise sind diese noch stärker – auf sandigem Grund in der Uferzone des alten Flussbettes. Man kann davon ausgehen, dass sie von dem auch heute noch stark mäandrierenden Gewässer angeschwemmt und dort abgelagert wurden. Das Moor entstand durch Anhebung des Grundwassers infolge des Rückstaus durch den später ansteigenden Meeresspiegel der nur achtzig Kilometer entfernten Ostsee. Es hat die Funde optimal konserviert.

Zu den bemerkenswertesten Fundstücken gehören zwei Holzwaffen, die nur wenige Meter voneinander entfernt geborgen wurden, eine davon in Form eines Baseballschlägers, 73 Zentimeter lang und aus Eschenholz geschnitzt. Die Härte und Elastizität dieser Holzsorte wussten schon die paläolithischen Jäger bei ihren Lanzen zu schätzen. Das zweite Stück sieht aus wie ein langstieliger Hammer und ähnelt frappierend einem Krocket- oder Poloschläger. Es ist 65 Zentimeter lang, hat einen zylindrischen, knapp

18 Zentimeter langen Kopf mit einem Durchmesser von fünf Zentimetern, der beidseitig stumpf konisch zuläuft und auf einem Stiel aus Schlehenholz steckt. Solche Holzkeulen sind im Nahkampf effektiv einsetzbar; vergleichbare Stücke wurden auch andernorts gefunden, hier allerdings zum ersten Mal im Kontext mit Menschenknochen, die zeigen, dass diese Waffen auch tatsächlich benutzt wurden.

Das Fundmaterial

Neben den verspülten Knochen aus dem Flussbett fanden sich auch in den ausgegrabenen Arealen wiederholt Konzentrationen von Menschenknochen, bei denen zusammengehörige Skelettelemente nur ausnahmsweise in anatomischer Abfolge, manchmal jedoch nahe beieinander angetroffen wurden, offenbar im Wasser auseinandergedriftet. Wie die botanischen Reste zeigen, wurden wohl auch die Knochen – vielleicht im Zusammenhang mit einem Hochwasser – ans Ufer geschwemmt. Dazwischen lagen vereinzelte Pferdeknochen, die wahrscheinlich von Reittieren stammen. Die Skelettreste von Mensch und Tier befinden sich in relativ gutem Zustand. Des Weiteren wurde inzwischen eine größere Zahl von Bronze- und Steinpfeilspitzen, die allesamt bestens in bronzezeitliches Inventar passen, geborgen – eines der aus Flintstein hergestellten Projektile noch im Knochen steckend. Andere Metallobjekte aus dem Umfeld müssen nicht mit einer kriegerischen Auseinandersetzung in Verbindung stehen, sie könnten auch als Opfergaben gedeutet werden.

Bislang wurden über zweitausend menschliche Skelettteile registriert. Die Spezialisten rechnen damit, dass sie von mindestens einhundert Personen stammen. Auf die gesamte Fläche hochgerechnet, wären demnach Überreste von zwei- bis dreihundert oder mehr Individuen zu erwarten. Die vorläufigen anthropologischen Untersuchungen zeigen, dass es sich bei den Toten zum überwiegenden Teil um jüngere Männer im Alter von zwanzig bis vierzig, mehrheitlich unter dreißig Jahren handelt. In einer Fundstelle mit Knochen von 37 Individuen sind allerdings auch vier Frauen sowie neun Kinder und Jugendliche vertreten, von denen zwei als weiblich angesprochen werden. Etwa vierzig Individuen sind durch Schädelteile repräsentiert. Die gesamte bislang nachgewiesene Altersspanne reicht von etwa sieben oder acht bis über fünfzig Jahre.

Die Verletzungen

Spezielle Beachtung verdient eine Reihe von Skelettelementen mit Spuren von Gewalteinwirkung: In dem Ensemble aus Teilen von etwas mehr als achtzig Individuen finden sich immerhin acht Knochen, die Verletzungen aufweisen. Zwei davon sind besonders spektakulär: In einem rechten Oberarmknochen steckt knapp unterhalb des Schultergelenks eine eingeschossene Pfeilspitze aus Feuerstein. Das Projektil ist von schräg hinten unten aufgetroffen

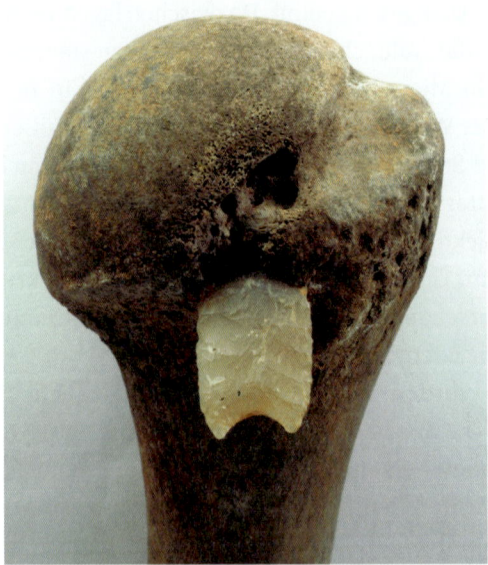

Weltzin. Rechter Oberarmknochen eines Mannes mit von schräg hinten unten eingedrungener Steinpfeilspitze. Heilungsreaktionen im Umfeld des Projektils zeigen, dass der Getroffene den Angriff einige Zeit überlebt hat.

und über zwei Zentimeter tief in den Knochen eingedrungen. Unter dem Mikroskop erkennbare Veränderungen am Knochen zeigen, dass der Heilungsprozess bereits eingesetzt, der Mann den Angriff also einige Tage oder wenige Wochen überlebt hatte. Aus welcher Richtung der Pfeil traf, hängt von der Körperhaltung des Getroffenen ab. Es wäre auch ein Schuss von rechts vorn möglich, während der Mann – vielleicht selbst zu einem Schlag ausholend – gerade seinen rechten Arm erhoben hatte.

Der zweite Fund ist genauso eindrucksvoll: ein Kalvarium mit einer rundlichen, teilweise geformten Lochfraktur mitten auf dem Stirnbein. Nach Ausweis des stirnseitigen Frakturverlaufs und der scheitelwärts eingebogenen Bruchterrassen dürfte die Läsion auf einen Schlag mit einem stumpfen Gegenstand mit rundlicher, kantig berandeter Einwirkungsfläche zurückgehen. Im Falle einer hammerartigen Waffe wäre der Schlag von vorn rechts oder – falls der Angreifer über dem Opfer stand oder auf einem Pferd saß – von

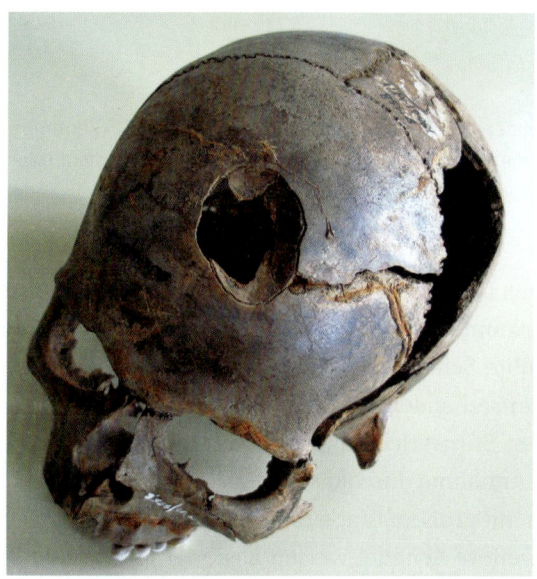

Weltzin. Der junge Mann wurde mitten auf der Stirn von einem Gegenstand mit stumpfer, kantig berandeter Einwirkungsfläche und rundlichem Querschnitt getroffen. Die Lochfraktur zeigt keinerlei Heilungserscheinungen.

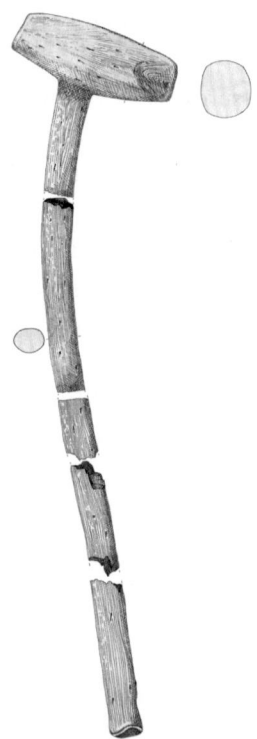

Weltzin. Von derselben Fundstelle stammt eine etwa 65 Zentimeter lange Holzkeule, die als Vorlage für einen Krocketschläger gedient haben könnte. Ihr hammerartig geformter Kopf würde zu der Wunde am Schädel passen.

hinten oben links her ausgeführt worden. Genau ein solches Gerät wurde zusammen mit den Knochen gefunden. Seine schwach konvex gewölbte Schlagfläche würde bestens mit den leicht winklig zueinander stehenden Bruchterrassen korrespondieren. Auch bei schwereren Stirnverletzungen tritt allerdings entgegen einer verbreiteten Annahme durchaus nicht sofort Bewusstlosigkeit ein, es ist jedoch mit großem Blutverlust zu rechnen.

Vier weitere Schädel weisen Läsionen unterschiedlicher Art auf: einer eine Impressionsfraktur am Stirnbein infolge stumpfer Gewalt; zwei Schädel zeigen penetrierende, auf die Einwirkung von Pfeil- oder Lanzenspitzen zurückgehende Defekte, zum einen oberhalb der rechten Ohrregion und anscheinend einige Tage überlebt, zum anderen im Bereich des linken Hinterkopfes und einige Jahre überlebt. Der vierte Schädel trägt drei seit längerem verheilte Läsionen, dazu kommen eine mindestens Monate zurückliegende Verletzung am Becken, eine Stauchungsfraktur am proximalen Ende eines rechten Oberschenkelknochens, am ehesten verursacht durch einen Sturz, sowie eine Impressionsfraktur an einem linken Hüftbein als jüngster Fund.

In der Gesamtschau fällt auf, dass nur bei zwei oder drei Befunden keine Heilungsreaktionen festgestellt wurden – zweimal eine Überlebenszeit von Tagen oder wenigen Wochen, bei allen übrigen wahrscheinlich Monate oder Jahre. Das heißt, die meisten Betroffenen waren häufiger in tätliche Auseinandersetzungen verwickelt. Der zweite Holzknüppel aus Weltzin könnte als Vorbild für einen modernen Baseballschläger gedient haben. Damit lässt sich mit großer Wucht zuschlagen. Bei kürzlich an Dummies im Institut für Gerichtsmedizin der Universität Bern durchgeführten Experimenten konnte gezeigt werden, dass ein derartiger Schläger in einem konkreten Fall mit 80 bis 110 Joule auftraf. Der menschliche Schädel bricht bei Energien zwischen 14,1 und 68,5 Joule.

Ein Konflikt von überregionaler Bedeutung?

Während der Bronzezeit war die Tollense breiter und flacher als heute, und sie floss ruhiger. Das Tal war eine offene Landschaft, seine Ränder waren mit Bäumen bestanden. Doch was hat sich in diesem Idyll zugetragen? Unbestreitbar ist, dass Menschen zu Tode kamen. Es gibt Belege für unverheilte Verletzungen und dazu passende Waffen. Die beteiligten Wissenschaftler sind sich sicher, das „älteste Schlachtfeld Mitteleuropas" vor sich zu haben: Sie interpretieren die Funde aus dem Flusstal als Überreste eines großräumigen Kampfgeschehens, bei dem wohl territoriale Ansprüche eine Rolle spielten. Gegen eine Fehde lediglich zwischen zwei Sippen, Nachbardörfern oder vergleichbaren Einheiten spricht die große Zahl der Beteiligten.

Nach Ausweis bisheriger Isotopenanalysen an der Universität Aarhus könnte ein Teil der Kämpfer aus Süddeutschland stammen. Man fand in einigen Knochen Hinweise auf den verstärkten Verzehr von Hirse, allerdings war die Feldfrucht zu diesem Zeitpunkt in der Region um die Fundstelle noch nicht bekannt. Die Akteure müssen aber nicht unbedingt für diese Unternehmung anmarschiert, sondern könnten auch schon früher zugewandert und anschließend sesshaft geworden sein. Da einige der Verletzungen erste Heilungsprozesse erkennen lassen, wäre ein Konflikt zu postulieren, der sich über Tage oder gar Wochen hinzog und anscheinend immer wieder aufflammte. Folgerichtig müssten die gegnerischen Parteien über entsprechende Stärke verfügt haben, die kleinere vielleicht über einen Standortvorteil, um längere Zeit standhalten zu können. Das ließe sich am ehesten mit Belagerung oder Stellungskrieg vereinbaren.

Ein größerer Teil der Defekte ist jedoch bereits Monate oder Jahre alt. Diese Traumata deuten auf Männer hin, die schon früher in tätliche Auseinandersetzungen verwickelt waren. Ihre Todesursache ist unbekannt, doch sie könnten einer Kriegerkaste entstammen, wie sie von einigen Spezialisten für die Bronzezeit angenommen wird. Aufgrund fehlender Scharten an den anderswo aus diversen Gräbern geborgenen Bronzeschwertern wurde schon mehrfach vermutet, diese seien eher Prestigeobjekte gewesen und nur selten zum Einsatz gekommen – wenn überhaupt. Das gilt etwa für Stücke aus dem urnenfelderzeilichen Männerfriedhof von Neckarsulm. An den hier vorgestellten Knochen wurden bislang allerdings noch keine Läsionen entdeckt, die als Hiebdefekte von Schwertern oder ähnlich scharfkantigen Gegenständen interpretiert werden könnten. Im Übrigen lassen die Pferdeknochen aus Weltzin auf die Beteiligung von Reitern schließen – die Neckarsulmer Toten weisen fast durchgehend sogenannte Reiterfacetten auf.

Die Leichen der Gefallenen wären in die Tollense geworfen, durch die Strömung wegtransportiert und an Sandbänken im Uferbereich angeschwemmt worden, sodann zerfallen und – wie die fehlenden Verbissspuren dokumentieren – rasch einsedimentiert, das heißt von Torf überlagert. Die Tatsache, dass man die Knochen fast nie im anatomischen Zusammenhang fand, spricht für eine längere Mazerationsphase der Kadaver oder einzelner Körperteile im Wasser, bevor sie endgültig abgelagert und überdeckt wurden. Die Sehnenverbindungen zwischen den Knochen dürften sich dann schon weitestgehend aufgelöst haben. Bei diesem Szenario wäre also auch ein längerer Wassertransport möglich. Der weitgehend fehlende anatomische Verband könnte auch auf verdriftete, bereits nahezu skelettierte Leichen hinweisen, wobei bekannt ist, dass Knochen je nach Liegemilieu zuweilen noch nach Jahrzehnten und mehr biomechanisch wie frische Knochen reagieren. Gegen die Theorie, dass es sich um einen verschwemmten Friedhof handeln könnte, spricht die Tatsache, dass vorwiegend junge Männer überliefert sind. Wären die Körper der Toten eine längere Strecke im Wasser transportiert worden, müssten typische Schürfspuren an den Knochen zu finden sein, unter anderem im Stirn- und Kniebereich sowie am Hand- und Fußrücken. So oder so ist der eigentliche Ort des Geschehens flussaufwärts zu suchen. Auf mehrere Überschwemmungsereignisse weisen die Hölzer hin, die über den Knochen liegen und zum Teil Hunderte von Jahren jünger datieren.

Angesichts eines Kriegsereignisses darf ein weiterer Aspekt nicht aus den Augen gelassen werden: Was hat die Anwesenheit der Frauen und Kinder zu bedeuten? Es sind wenige, aber sie sind da. Die Frauen könnten mitgekämpft haben und die Kinder als „Kollateralschaden" anzusprechen sein. Vielleicht sind Bewohner einer nahe gelegenen Siedlung auch nur zufällig in den Konflikt hineingeraten. Oder es handelt sich um Angehörige der Kämpfer aus deren Tross. Oder – auch diese Deutung ist noch im Gespräch – die Funde stehen in Zusammenhang mit einem Opferplatz.

Ein Vorkommnis dieser Größenordnung könnte auf einen überregional wirksamen Auslöser schließen lassen: Veränderungen, die große Teile der Gesellschaft betreffen, vielleicht eine Hungersnot, die eine kleine Völkerwanderung ausgelöst hat, Expansionsdrang oder Ähnliches. Über die Hintergründe des Geschehens kann beim jetzigen Stand der Untersuchungen lediglich spekuliert werden. Zukünftige Funde werden jedoch mit Sicherheit weiterführende Erkenntnisse zu diesem aufsehenerregenden Schauplatz liefern.

Unruhige Zeiten

Auch an anderen bronzezeitlichen Knochenresten wurden Spuren von Gewalteinwirkung gefunden. So zum Beispiel bei sieben von etwas über zwanzig Individuen aus dem norwegischen Sund, ein Teil davon wiederum mit verheilten Läsionen. Im Gegensatz zu den Funden aus dem Tollensetal gibt es dort jedoch ausschließlich Hinweise auf scharfe Gewalt, keine Verletzungen am Kopf und keinen Defekt, der auf die Verwendung von Pfeil und Bogen hinweisen würde. In der Ufersiedlung Feldmeilen-Vorderfeld am Zürichsee stießen die Ausgräber auf das Skelett eines 25- bis 30-jährigen Mannes, der einer Perforation des Schulterblatts zufolge von böswilligen Zeitgenossen durch einen Pfeilschuss von hinten getötet wurde. Die mit Schnittspuren versehenen Menschenknochen aus einem Graben in Velim-Skalka (Tschechische Republik) werden demgegenüber eher in einen kultischen Kontext gestellt.

In dieselbe Richtung deuten Schädelreste von sechs Kindern aus der ersten Hälfte des 9. Jahrhunderts v. Chr. aus der Wasserburg Buchau am Federsee, von denen einige gewaltsam ums Leben kamen. Die Stücke stammen aus der letzten Siedlungsphase, bevor der Seewasserspiegel infolge eines klimatischen Einbruchs anstieg und die Bewohner das Areal aufgeben mussten. Könnten die Kinder in dieser Notlage geopfert worden sein? Gegen eine rituelle Tötung sprechen jedoch die deutlich voneinander abweichenden Verletzungsmuster. Alternativ wurden zuletzt noch zwei weitere Versionen diskutiert: Überfall oder häusliche Gewalt? Eine eindeutige Antwort wird sich wohl nicht mehr finden lassen.

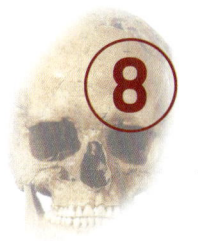

8 DREI FRAUEN-SCHICKSALE AUS DER VORRÖMISCHEN EISENZEIT

Mumien und Moorleichen üben auf den Betrachter eine besondere Faszination aus. Während bei blanken Knochen der Gruselfaktor dominiert, hat man bei Überresten mit Haut und Haar das Gefühl, direkt in das Antlitz eines vor langer Zeit gestorbenen Menschen zu blicken. Manche Funde sind aufgrund natürlicher Mumifizierungsprozesse oder durch die Kunst der Einbalsamierer derart gut konserviert, dass man meint, die Gefühlsregungen des Betreffenden im Augenblick des Todes zu erkennen. Andere vermitteln den Eindruck, sich gerade zum Schlafen niedergelegt zu haben. Ein herausragendes Beispiel dafür ist der bekannte Tollund-Mann aus Dänemark mit scheinbar friedlichem Gesichtsausdruck und Dreitagebart, der allerdings noch den Lederriemen um den Hals trägt, mit dem er vor rund 2300 Jahren erdrosselt wurde. Er wurde etwa vierzig Jahre alt und verspeiste als Henkersmahlzeit mit Wildkräutern gewürzten Gerstenbrei. Die in seinem Verdauungstrakt nachgewiesenen Eier des Peitschenwurms gelangten wahrscheinlich via Salat oder Gemüse, das durch Fäkalien verunreinigt war, in den Körper, dürften ihm aber noch keine Pein bereitet haben. Erst bei größerer Populationsdichte der Parasiten im Dickdarm kommt es zu schwerwiegenden Symptomen.

Die berühmtesten Vertreter dieser Fundgattung sind zweifellos „Ötzi", dessen letzte Stunden und Minuten vor seinem Tod inzwischen weitestgehend aufgeklärt sind, und Tutanchamun, dessen Verwandtschaftsbeziehungen zu anderen Pharaonen erst kürzlich von Paläogenetikern aus Bozen und Tübingen aufgedeckt wurden. Eine Art Revival erlebte vor nicht allzu langer Zeit das sogenannte Mädchen von Windeby, wobei es sich nach neueren Erkenntnissen um einen männlichen Jugendlichen handelt. Zudem wurde sie oder er auch nicht wie seit fünfzig Jahren kolportiert als Ehebrecherin im Moor versenkt, sondern mit Gefäßbeigaben auf einer Lage Heidekraut bestattet. Der Archäologe Michael Gebühr vom Archäologischen Landesmuseum in Schleswig deutet den Fund als Arme-Leute-Begräbnis. Von der spektakulären Deutung im Zusammenhang mit von Tacitus überlieferten Hinrichtungspraktiken der Germanen ist in diesem Fall nichts geblieben.

Bevor die Römer kamen

Wie am Übergang von der Stein- zur Bronzezeit setzte sich auch beim nachfolgenden Wechsel zur Eisenzeit der neue Werkstoff nicht überall gleichzeitig durch. Es dauerte zwanzig Generationen und mehr, bis die Fähigkeit der Eisenverhüttung vom Mittelmeerraum über die Alpen den Norden erreicht hatte. Archäologisch gesehen geht die vorrömische Eisenzeit Mitteleuropas vor allem mit zwei Kulturen einher, der sogenannten Hallstatt- und der Latènekultur, benannt nach Fundorten in Österreich bzw. der Schweiz. Die Hallstattkultur entwickelt sich zu Beginn des 8. Jahrhunderts v. Chr. und dauert etwa dreihundert Jahre. Spätestens ab 450 v. Chr. und bis etwa 50 n. Chr. spricht man von der Latènezeit. Die Fachleute unterscheiden dabei noch frühe, mittlere und späte Phasen und benutzen Stufenbezeichnungen von A bis D, wobei Hallstatt A und B noch zur spätbronzezeitlichen Urnenfelderkultur gehören. Mit Hallstatt C1 beginnt die vorrömische Eisenzeit.

Zu Beginn der Eisenzeit war das hiesige Klima noch feuchter und kühler, später erreichte es unser Niveau. Die Menschen lebten von Ackerbau und Viehzucht mit den schon aus früheren Epochen bekannten Cerealien, Hülsenfrüchten und Gemüsesorten sowie Haustieren, unter anderem Rindern. Aber es gab auch Neues: Das Gackern von Hühnern und das Schnattern von Gänsen hört man erst jetzt auf den Höfen. Auch die bei den Römern verbreitete Hauskatze war wohl schon in der Spätlatènezeit bekannt. Es entstanden erste Bierbrauereien – das berühmte *cervisia* und die Herstellung von Met waren allenthalben beliebt. Man wohnte in kleineren Weilern, mitunter im Umfeld von Fürstensitzen (z. B. Heuneburg in Baden-Württemberg) und später in stadtähnlichen Siedlungen, den sogenannten *oppida* (z. B. Manching in Bayern) mit mehreren Tausend Einwohnern. Schmiede stellten Damastklingen her, Händler hatten Verbindungen in den Mittelmeerraum und den Nahen Osten. Es gab eine deutliche Hierarchie. Der durchschnittliche Mann war knapp 1,70 Meter groß, die Frauen im Mittel 1,60 Meter. Untersuchungen an Skeletten aus Fürstengräbern zeigten, was kaum verwundert, dass dieser Personenkreis besser genährt war, eine höhere Lebenserwartung und weniger unter Verschleißerscheinungen zu leiden hatte als die übrige Bevölkerung.

Dass die Menschen als Kelten bezeichnet werden, geht auf antike Schriftsteller zurück, wobei auch sprachliche Gemeinsamkeiten eine Rolle spielen – heute sieht man sie als Teil des indogermanischen Sprachraums. Zu den Schlagworten, die im Zusammenhang mit den Kelten stets genannt werden, zählen „Menschenopfer" und „Schädelkult" oder auch nackte, von Todesverachtung strotzende Kämpfer und nicht zuletzt die Druiden, als deren berühmtester wohl Miraculix gelten darf, der zwar in einem gallischen Dorf wohnt, aber den Mythos der damaligen Priester, Lehrer und Heilkundigen besonders plakativ verkörpert. Dass Frauen in der damaligen Gesellschaft keine inferiore Rolle spielten, zeigen prächtige Grabanlagen hochgestellter Damen zum Beispiel aus Vix in Frankreich oder die erst 2010 entdeckte Fürstin vom Bettelbühl aus der Nähe der Heuneburg, die nicht nur exzeptionellen Schmuck bei sich trug, sondern zusammen mit einer zweiten Person – vielleicht einer Dienerin – bestattet worden war. Aus spätkeltischer Zeit sind Anführerinnen von Aufständen gegen die Römer sogar namentlich überliefert.

Die nachfolgend vorgestellten Fälle stammen durchweg aus
dem 7. und 6. Jahrhundert v. Chr. – sie könnten unterschiedlicher
kaum sein.

Das Mädchen aus dem Uchter Moor

Moorleiche ist nicht gleich Moorleiche, und wie lange ein Körper
diesem speziellen Liegemilieu ausgesetzt war, sieht man ihm auf
Anhieb nicht an. Solch einen Leichnam zu finden ist reiner Zufall.
Neben der Aufmerksamkeit der Torfstecher bedarf es einer Vielzahl
von Spezialisten, dem Fund anschließend die Informationen zu
entlocken, die erklären, unter welchen Umständen er in diese Lage
kam. Die Moorleiche aus Uchte in Niedersachsen ist ein Paradebeispiel für die Zusammenarbeit von Kriminalpolizei, Archäologie
und Rechtsmedizin, das zeigt, was möglich ist, wenn modernste
Methoden und Techniken zum Einsatz kommen. Jeder der Beteiligten trägt ein Mosaiksteinchen zur Aufklärung bei.

Dabei sind die Erhaltungsbedingungen für organische Materi-
alien im Moor durchaus unterschiedlich. Von manchen Körpern
ist kaum mehr als der lederartig gegerbte Hautsack überliefert,
während sich die Knochen und alles Übrige im Inneren nahezu
vollständig aufgelöst haben. Von anderen können neben Haut und
Haaren Zähne und Knochen sowie Finger- und Fußnägel geborgen
werden, gelegentlich stehen auch noch Reste innerer Organe, Mus-
kelfasern und andere Gewebestrukturen für medizinische Untersuchungen zur Verfügung.

Einen solchen Glücksfall stellt die Leiche aus dem Uchter Moor
dar. Zwar hatte die Torfstechmaschine den Körper zerstückelt und
einige Knochen stark beschädigt, doch zu guter Letzt hatte man
durch akribische Nachsuche ein mehr oder weniger komplettes
Skelett beisammen. Die Fundgeschichte begann im September
2000 und dauerte bis 2006. Wie bei Leichenfunden üblich wurden
zunächst Polizei und Staatsanwaltschaft eingeschaltet. Es ergaben
sich Verdachtsmomente in zwei Richtungen: Einerseits konnte der
Tote zur Besatzung eines amerikanischen Flugzeugs gehören, das

im Zweiten Weltkrieg in der Nähe abgestürzt war und dessen Insassen nicht alle gefunden worden waren. Andererseits stand ein Jahrzehnte alter Vermisstenfall aus der Region in den Akten. Die 16-jährige Elke K. war nach einem Diskobesuch im Dezember 1969 nicht nach Hause gekommen. Doch die beteiligten Kriminalbeamten schlossen bereits damals einen archäologischen Kontext nicht aus. Eine Vermutung, die nach einem negativen DNA-Abgleich mit der Mutter des vermissten Mädchens erneut geäußert wurde. Dabei hätten Alter und Geschlecht des Moorfundes gepasst: Nach der ersten rechtsmedizinischen Begutachtung stammten die Überreste von einer 16- bis 21-jährigen Frau, die wie die Gesuchte niemals einen Zahnarzt in Anspruch genommen hatte. So wurde der Fall erst einmal zu den Akten gelegt.

Im Januar 2005 fand sich der entscheidende Hinweis. Nahe der Fundstelle stieß man auf eine mumifizierte rechte Hand, die zweifelsfrei zur selben Leiche gehörte. Dieses Mal wurde gleich das Niedersächsische Landesamt für Denkmalpflege eingeschaltet, und der Landesarchäologe Henning Haßmann nahm sich mit seinem Kollegen Andreas Bauerochse der Sache an. Eine Nachgrabung im Gelände erbrachte unter anderem noch fehlende Teile von Wirbelsäule und Brustkorb, das Brustbein und das linke Schlüsselbein. Fundlage und Radiokarbondaten stellten das Skelett in die Zeit um 650 v. Chr., womit die Zuständigkeit endgültig geklärt war. Die teilweise deformierten und lagerungsbedingt geschrumpften Knochen kamen erneut auf den Tisch. Im Uniklinikum Hamburg-Eppendorf wurden sie von Klaus Püschel nach allen Regeln der Kunst durchleuchtet. Sie kamen ins Röntgengerät, in den Computer(CT)- und den Kernspintomographen (MRT). Die Kriminologen waren begeistert von den bestens erhaltenen Papillarleisten, wonach das Mädchen – hätte man ihm einst die Fingerabdrücke abgenommen – eindeutig hätte identifiziert werden können. Alle fünf Finger der rechten Hand zeigen sogenannte Ulnarschleifen – zur Handkante hin offene Verläufe –, ein Fingerbeerenmuster, das auch heute noch zu den häufigsten in Europa gehört. Bögen und Wirbel sind demgegenüber deutlich seltener.

Uchte. Die rechte Hand der Moorleiche einer jungen Frau, die den Namen „Moora" erhielt. Wäre sie zu Lebzeiten kriminaltechnisch erfasst worden, hätte man sie anhand ihrer Fingerabdrücke identifizieren können.

Die Arbeit der Knochendetektive brachte weitere Ergebnisse. Das Mädchen, das im Rahmen einer Publikumsbefragung des NDR inzwischen auf den Namen „Moora" getauft worden war, war mindestens 1,46 Meter groß und hatte noch bis zu 14 Zentimeter langes Haar. Knochendichtemessungen weisen sie als Linkshänderin aus und als jemanden, der des Öfteren schwerere Lasten auf dem Kopf balanciert oder per Stirnband auf dem Rücken trug – vielleicht einen Wasserkrug? Der renommierte Paläopathologe Michael Schultz von der Georg-August-Universität in Göttingen fand noch weitere Details: Ein leicht verringerter Winkel des Oberschenkelhalses deutet auf körperliche Belastungen, und im Röntgenbild erkennbare Verdichtungszonen an den Schienbeinen lassen auf nahezu ein Dutzend regelmäßig wiederkehrende Mangelsituationen schließen – am ehesten zurückzuführen auf Nahrungsengpässe im Frühjahr. Das könnte auch der Grund dafür sein, dass der Skelettstatus dem einer 15- bis 16-jährigen entspricht, der Zahnbefund jedoch ein etwas höheres Sterbealter von ca. 18 bis 20 Jahren ausweist.

Doch wie ist die junge Frau am Übergang von der Bronze- in die Eisenzeit ins Moor geraten? Interessanterweise wurden weder Spuren von Kleidung noch Schmuck oder andere persönliche Gegenstände gefunden. Manches deutet darauf hin, dass sie zunächst in einer Schlenke, einer Wasserrinne, lag, bevor sich mehr als zwei Meter Moor über ihr bildeten. Ein Unglücksfall oder eine Bestattung scheinen daher weniger wahrscheinlich; obwohl bislang keine Spuren von Gewalteinwirkung gefunden wurden, kann nicht ausgeschlossen werden, dass sie vielleicht doch einem Verbrechen zum Opfer fiel – ertränkt nach einer Vergewaltigung, Raubmord oder Ähnlichem? Die Untersuchungen sind noch nicht abgeschlossen. In Arbeit sind unter anderem eine weitere computergestützte Gesichtsrekonstruktion sowie DNA- und Isotopenanalysen zur Herkunftsbestimmung und Nahrungsrekonstruktion. Mit etwas Glück stößt das Ermittlerteam auf zusätzliche Indizien, um Mooras Schicksal endgültig aufzuklären. Eine der Theorien um ihre Person besagt, sie könnte vielleicht als Dienerin/Sklavin gearbeitet haben.

Im sechsten Monat schwanger

Bei Erschließungsarbeiten für das Neubaugebiet „Lindele Ost" stieß man in Rottenburg am Neckar Mitte der 1980er Jahre auf einen frühkeltischen Friedhof mit Überresten von mehreren Dutzend Grabhügeln und insgesamt etwa 180 Bestattungen. Es fanden sich sowohl Brand- als auch Körpergräber und ein halbes Dutzend Scheiterhaufenplätze, die zwischen der älteren Hallstattzeit und der mittleren Latènezeit angelegt und vier- bis fünfhundert Jahre genutzt wurden. Der Schwerpunkt der Belegung lag in Hallstatt C und D. Das durchschnittliche Sterbealter der wahrscheinlich in einem nahe gelegenen Weiler ansässigen Menschen liegt bei 26,3 Jahren und innerhalb der Brandgrubengräber mehr als zwei Jahre über den unverbrannt Bestatteten. Bei Letzteren ist der Kinderanteil um zehn Prozent höher. Unter Umständen gibt sich also in der Art der Totenbehandlung ein sozialer Unterschied zu erkennen.

Von besonderem Interesse war für die Archäologen die Zentralbestattung in Hügel 32: die Grablege einer 20- bis 25-jährigen, ca. 1,67 Meter großen Frau, die in der späten Hallstattzeit (Stufe D1) im 6. Jahrhundert v. Chr. mit üppigem Bronzeschmuck beigesetzt und deren Grab mit mächtigen Steinen abgedeckt worden war. Bei ihr fanden sich etwa ein Dutzend Ohrringe, ein Halsreif, zwei Gewandspangen im Schulterbereich, zwei sogenannte Tonnenarmbänder, wie Stulpen über die Unterarme gezogen, und ein in sogenannter Tremolierstichtechnik aufwändig mit geometrischen Mustern verziertes Gürtelblech. Das Ganze wurde in einem Gipsblock geborgen, um die Beigaben in der Werkstatt in Ruhe und unter kontrollierten Bedingungen dokumentieren und entnehmen zu können. Dabei stellte sich heraus, dass man den Gürtel nicht umgegürtet, sondern der Toten zusammengefaltet auf den Unterleib gelegt hatte. Den Grund dafür entdeckte der Präparator nach Abnahme des Bronzeblechs: Unmittelbar darunter waren winzige

Rottenburg a. N. Die mit reichlich Bronzeschmuck ausstaffierte junge Keltin war schwanger. Ihr Skelett wurde im Block geborgen. Unter dem Gürtelblech haben sich Überreste eines Fötus im fünften bis siebten Entwicklungsmonat erhalten.

Knöchelchen zu erkennen, die nach anthropologischer Begutachtung einem Fötus im fünften bis siebten Monat zugeordnet werden konnten. Sie hatten sich in dem relativ aggressiven Boden nur erhalten, weil das Metall des Gürtels einen chemischen Schutzschild bildete.

Die Schwangere hatte kariöse Zähne und war vergleichsweise kräftig – ob es ein Mädchen oder ein Junge geworden wäre, ließ sich nicht mehr erkennen. Auch die Todesursache der werdenden Mutter bleibt im Dunkeln. Eine fast identische Schmuckausstattung war Ende des 19. Jahrhunderts bei einer dreißig- bis vierzigjährigen, ebenfalls eher robusten Dame aus dem Fürstengrabhügel Magdalenenberg bei Villingen (Villingen-Schwenningen) ausgegraben worden – eine Verwandtschaft zwischen den beiden Frauen ist nicht auszuschließen.

Gefesselt und geopfert?

Die Heuneburg bei Hundersingen (Gemeinde Herbertingen, Kreis Sigmaringen, Baden-Württemberg) ist immer für eine Überraschung gut. War zunächst der Nachweis einer für den Raum nördlich der Alpen einzigartigen Lehmziegelmauer die Sensation, wurden erst vor wenigen Jahren eine imposante Toranlage freigelegt, weiträumige Siedlungsareale im direkten Umfeld nachgewiesen und erneut bemerkenswerte Grabanlagen geortet. Viele heute namhafte Archäologen haben sich bei Ausgrabungen dort ihre ersten Sporen verdient.

Nichtsdestoweniger zieht eine bereits seit Jahrzehnten bekannte Bestattung in ihren Bann: das Grab einer 35- bis 40-jährigen, ausgesprochen zierlichen Frau. Sie ist bislang die einzige Erwachsene, die außer drei Säuglingen ihre letzte Ruhe im Inneren der Burganlage fand. Die Fachleute bezeichnen solche Grablegen als *intramural* (von lat. *intra*, innen, und *murus*, Mauer), und speziell diese Fundlage sowie die Körperhaltung der Toten gaben Anlass zu Spekulationen: Die Frau sei vermutlich mit hinter dem Rücken gefesselten Armen im Rahmen einer Opferzeremonie – vielleicht

Herbertingen-Hundersingen. Die ca. 35- bis 40-jährige Frau ist wahrscheinlich während der Belagerung der Heuneburg gestorben und deswegen etwas nachlässig und nicht im außerhalb gelegenen Grabbezirk bestattet
worden.

als Bauopfer – beigesetzt worden. Fakt ist nach dem archäologischen Befund, dass die Beerdigung während der Belagerung des
Fürstensitzes und vor dem Fall der Lehmziegelmauer um 520
v. Chr. stattfand.

Die Verstorbene war ca. 1,60 Meter groß, Rechtshänderin und
hatte ein absolut desolates Gebiss. Nicht weniger als 14 Zähne,
darunter fast alle Backenzähne, waren bereits zu Lebzeiten ausgefallen. Deshalb musste sie fast ausschließlich mit den Vorderzäh-
nen kauen. Dazu kommen freiliegende Zahnhälse und fünf kariöse Zähne. Sie trug Ohrringe und je ein Armringpaar an den
Handgelenken. Auf Höhe des Rippenbogens fanden sich Reste eines Ledergürtels. Das zugehörige Gürtelblech war auf den Rücken
und bis zu den Schulterblättern nach oben gerutscht. Sie lag in
gestreckter Rückenlage mit einem leichten Knick im Hüftbereich,
der linke Arm etwa parallel zur Körperlängsachse, die Hand neben
dem Becken. Ihr rechter Arm lag schräg hinter dem Rücken, die
Hand im Bereich der linken Pobacke und mit den Fingerspitzen

auf das linke Handgelenk weisend. Ihr Kopf war leicht nach vorn und links geneigt, Brustkorb und Schulterregion erscheinen gestaucht.

Die Details der Körperhaltung wie auch die Position der Gürtelteile lassen sich abweichend von der vom seinerzeitigen Ausgräber favorisierten und zweifellos spannenderen Fesselungstheorie jedoch eher dadurch erklären, dass bei der Beisetzung der Verstorbenen eine Lagekorrektur vorgenommen wurde, wobei man sie an ihren Füßen auf die rechte Seite zog und den linken Arm wieder an den Körper heranschob. Der dabei versehentlich unter den Oberkörper geratene rechte Arm könnte durch ein Gewand verdeckt gewesen sein, nachdem der Gürtel nach oben gerutscht war und sich geöffnet hatte. Da die Bestattung während der Belagerung stattfand, konnte die Tote nicht auf den Friedhof gebracht werden.

Auch das Grab eines sechsjährigen Kindes aus dem Osttor des spätkeltischen Oppidums von Manching war nach seiner Entdeckung zunächst als Bauopfer gedeutet worden. Inzwischen wird für diesen Befund ebenfalls eine profanere Interpretation bevorzugt.

9 GEWALT ALS MITTEL ZUM ZWECK

Die Römer waren bekanntermaßen nicht zimperlich, wenn es darum ging, ihre Ziele durchzusetzen. Glaubt man antiken Quellen, wurden dabei nicht nur politische Konkurrenten, sondern im Bedarfsfall auch eigene Familienmitglieder rücksichtslos aus dem Weg geräumt. Völker, die territorialen und wirtschaftlichen Interessen entgegenstanden, bekamen es mit der geballten Militärmacht Roms zu tun. Widerstand war selten von Erfolg gekrönt und wenn, dann meist nur vorübergehend. Fremde, die nach römischen Regeln spielten, konnten allerdings erfolgreiche Geschäftsleute werden oder beim Militär Karriere machen. Zudem tolerierte man andere Religionen, so lange sie nicht zu viel Einfluss erlangten.

Doch keine Weltmacht institutionalisierte Gewalt auch im zivilen Leben so erfolgreich wie die Römer. Als Volksbelustigung in der Arena wurde das Töten nicht nur akzeptiert, sondern es war ein wesentlicher Bestandteil städtischen Lebens. Die Betreiber und Organisatoren eines Amphitheaters inklusive aller beteiligten Betriebe und Institutionen dürften direkt oder indirekt zu den größten Arbeitgebern der damaligen Zeit gehört haben – vergleichbar mit der modernen Medienlandschaft, nur dass heutigen Protagonisten bei ihren Auftritten meist keine unmittelbare Gefahr für Leib und Leben droht.

Das 3. Jahrhundert n. Chr. bescherte dem Imperium eine Krise, die seinen Niedergang einläutete. Zunehmende Auseinandersetzungen mit angrenzenden Völkern veranlassten die Römer, sich aus einigen Gebieten zurückzuziehen, und vor allem die Bewohner der vormals besetzten Randprovinzen bekamen den angestauten *Furor teutonicus* zu spüren.

Erbarmungslos gegen innere und äußere Feinde

Zeitgenössische Autoren beschreiben eine Vielzahl von Kriegszügen gegen die Germanen. So auch Gaius Julius Caesar in seinem berühmten Werk „De Bello Gallico", von dem jeder Lateinschüler die ersten Passagen auswendig kennt. In diesen Berichten werden das furchterregende Äußere der Feinde, deren Kampfkraft und Todesverachtung herausgestellt; deren Truppenstärke wird jedoch vielfach übertrieben. So erscheinen die eigenen Erfolge über vermeintlich unbesiegbare Gegner im Nachhinein in umso besserem Licht – ein propagandistischer Schachzug, den auch Veranstalter moderner Kundgebungen beherrschen, deren Angaben über die Zahl der Teilnehmer stets höher liegen als die Schätzwerte der beteiligten Sicherheitskräfte. Die Mengenangaben der antiken Chronisten sind selbst bei zurückhaltender Bewertung immer noch beeindruckend genug. Sie lassen bestenfalls erahnen, wie sich ein derartiges Gemetzel abgespielt und das Schlachtfeld am Ende ausgesehen haben mag.

Als Beispiel sei Caesars Sieg über die Gallier bei Alesia im Jahr 52 v. Chr. angeführt. Vercingetorix, dem Anführer der Barbaren, standen zur Verteidigung der Stadt etwa 20 000 Kämpfer und später noch ein Entsatzheer von weiteren 50 000 Männern zur Verfügung. Caesar befehligte während der Belagerung und Zweifrontenschlacht eine insgesamt etwa gleich große Streitmacht. Seine Verluste beliefen sich auf rund 8000 Soldaten, diejenigen der Gallier auf mehr als das Fünffache!

Während des Bürgerkriegs marschierten sogar zwei römische Heere gegeneinander. Der erfolgreiche Feldherr Gnaeus Pompeius Magnus, eigentlich schon im Ruhestand, ließ sich überreden, gegen Caesar ins Feld zu ziehen, nachdem dieser mit seinen Legionen den Rubikon überschritten und damit den Senat aufs Höchste provoziert hatte. Die Entscheidungsschlacht wurde am 9. August des Jahres 48 v. Chr. bei Pharsalos in Thessalien geschlagen. Unter Pompeius traten etwa 50 000 und für Caesar rund 30 000 Legionäre und Hilfstruppen an. Die bessere Taktik brachte Caesar den Sieg und nur ein Zehntel der Verluste seines Widersachers. Auf Pompeius' Seite waren mindestens 15 000 Soldaten gefallen, verwundet oder wurden vermisst.

In allen Armeen der Welt gelten Meuterei oder Feigheit vor dem Feind als das strafwürdigste Vergehen überhaupt. Den römischen Militärs stand in solchen Fällen eine zwar selten angewandte, aber für die Beteiligten mit Sicherheit unvergessliche Disziplinarmaßnahme zur Verfügung, die sogenannte Dezimation. Dabei wurde, falls man die Aufrührer nicht direkt benennen konnte, aus dem gesamten Truppenkontingent per Losentscheid jeder Zehnte ausgewählt und vor versammelter Mannschaft exekutiert.

Eine ähnlich drastische Abschreckungsmaßnahme ließ man sich im Jahr 71 v. Chr. auch mit den Überlebenden des Sklavenaufstands unter Führung des thrakischen Gladiators Spartacus einfallen. Zwei Jahre zuvor war er zusammen mit rund achtzig Kameraden aus der Gladiatorenschule in Capua geflohen und hatte mit seinem durch massenhaften Zulauf auf 90 000 Mann angewachsenen Heer ganz Italien in Angst und Schrecken versetzt. Die 6000 Sklaven, die nach dem letzten Kampf zwischen Tarent und Brindisi noch übrig geblieben waren, wurden entlang der Via appia gekreuzigt.

Dass man in regulären Gräberfeldern der römischen Kaiserzeit nur selten Spuren von Gewalteinwirkung findet, liegt daran, dass die Sitte der Leichenverbrennung vorherrschte. An den stark fragmentierten und deformierten Brandknochen sind entsprechende Defekte nur schwer auszumachen; anders bei den besser erhaltenen Körpergräbern wie dem am Südrand des Friedhofs von Stettfeld (Kreis Ubstadt-Weiher) in Grab 219 beigabenlos beigesetzten etwa fünfzigjährigen Mann – ein wuchtiger Schwerthieb von vorn hatte ihm die rechte Beckenschaufel gespalten –, oder einem älteren Mann aus der kleinen Nekropole von Pratteln, Pfarreizentrum

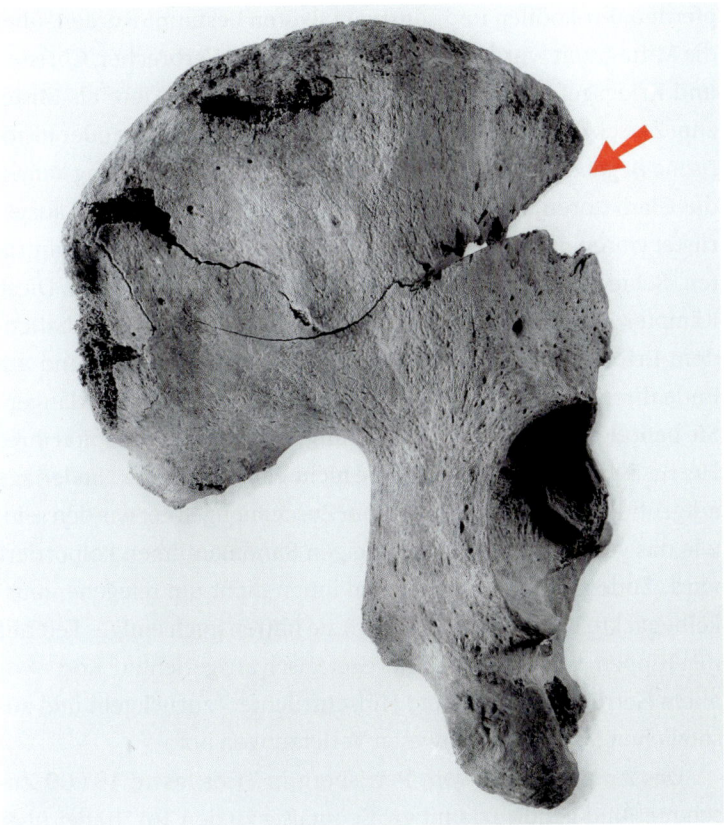

Stettfeld. Die rechte Beckenhälfte des rund fünfzigjährigen Mannes aus Grab 219 zeigt eine scharfrandig begrenzte Kerbe, die wahrscheinlich auf einen Schwerthieb von vorn zurückzuführen ist.

Romana im schweizerischen Augst, der eine Hiebverletzung am linken Scheitelbein aufweist.

Sterben als Massenspektakel

Was dem heutigen Freak seine Horrorfilme oder Ballerspiele waren dem Römer die blutigen Vorführungen im Amphitheater – bei kostenlosem Eintritt. Die Veranstaltungen folgten einem festen Stundenplan. Vormittags konnten Tierjagden mit Bären, Löwen, Nilpferden, Krokodilen und sonstigen Exoten bestaunt werden, über die Mittagszeit wurden zum Tode verurteilte Verbrecher, Christen und Kriegsgefangene hingerichtet – wobei gern Tiere als Mittel zum Zweck dienten –, exotische Schauplätze aufgebaut oder historische Begebenheiten nachgestellt wurden. Am Nachmittag kamen die Gladiatoren zum Einsatz, die nach exakten Vorgaben ausgerüstet waren und in bestimmten Paarungen gegeneinander antraten. Schiedsrichter achteten auf die Einhaltung der Regeln. Diese Kämpfer – oftmals ausgewählte Sklaven – konnten bei anhaltendem Erfolg zu echten Publikumslieblingen avancieren und am Ende ihrer Karriere unter Umständen sogar die Freiheit erlangen. Sie benötigten ein intensives Training und waren das Kapital ihres Herrn. Schon deshalb dürften sie nicht gleich bei jeder Niederlage aufgrund des Urteils der johlenden Zuschauer getötet worden sein, wie das gelegentlich in einschlägigen Sandalenfilmen kolportiert wird. Zudem handelte es sich bei ihnen nicht um telegene, muskelbepackte Bodybuilder, sondern sie hatten auch einiges Fett auf den Rippen, was auf ihre stark vegetarisch ausgerichtete Kost – vor allem Getreideprodukte und Hülsenfrüchte – zurückgeht und zusätzlichen Schutz vor schweren Verletzungen bot.

Das Amphitheater vom Petrisberg in Trier fasste 18 000 Zuschauer und gehörte damit größenmäßig zu den Top 10 der über dreihundert Arenen im Römischen Reich. Auf seiner Rückseite stießen die Ausgräber auf einen Bestattungsplatz mit Überresten von mindestens fünfzig Personen aus dem 3. und 4. Jahrhundert n. Chr. Die Knochen sind leider schlecht erhalten, stammen jedoch meistenteils von jungen Männern, die als unterlegene Gladiatoren oder hingerichtete Verbrecher interpretiert werden. Traumatische Befunde, die weitere Aufschlüsse geben könnten, fehlen. Anders bei den knapp siebzig Skeletten, die unweit der Arena in Ephesos (Türkei) entdeckt wurden. Eine große Zahl ausgeheilter Verletzungen, aber auch unverheilte Lochfrakturen, die auf einen von römischen Scharfrichtern verwendeten Hinrichtungshammer zurückgehen, oder Stichdefekte im Bereich der Halswirbelsäule, die den Betroffenen scheinbar im Knien zugefügt wurden, lassen die Spezialisten auf gezielte Exekutionen schließen. Ein ähnliches Merkmalsbild fanden die Ausgräber bei mehr als sechs Dutzend Skeletten aus einem Gladiatorenfriedhof im nordenglischen York. Die meisten wiesen auffallend starke Muskelansatzstellen auf, einige waren mit persönlichen Gegenständen versehen, andere wurden offenbar geköpft. In einem Fall sind an Hüfte und Schulter Bissspuren eines großen Raubtiers nachweisbar.

Gefallen im Dienste Roms

Die Römer waren gewohnt zu siegen und in offener Feldschlacht kaum zu bezwingen. Eine ihrer größten Niederlagen erlitten sie daher im Jahr 9 n. Chr., als drei Legionen, Hilfstruppen und Tross des Publius Quintilius Varus in unübersichtlichem Terrain in einen Hinterhalt der Germanen gerieten und von diesen unter ihrem Anführer Arminius vernichtend geschlagen wurden. Als Ort des Gemetzels mit etwa 20 000 Toten auf römischer Seite gilt das heutige Kalkriese im Osnabrücker Land. Sechs Jahre danach fand Germanicus im Rahmen einer Vergeltungsexpedition noch eine große Zahl von Skelettresten vor, die er in Gruben vor Ort bestatten ließ. Als die Knochen zweitausend Jahre später von Archäologen ausgegraben wurden, waren sie in schlechtem Zustand und meistens nicht mehr im anatomischen Verband – manchmal waren gerade noch ein paar Zahnkronen erhalten. Bislang hat man Teile von 17 Personen identifiziert, darunter drei Männerschädel mit Spuren scharfer Gewalt und ein weibliches Becken. Im Tross waren auch Frauen mitgezogen.

Am südlichen Ortsrand von Heldenbergen (Hessen) wurden in den 1970er Jahren Spuren einer römischen Erdbefestigung aus dem 3. Jahrhundert n. Chr. entdeckt. Im zugehörigen Lagergraben fanden sich unter anderem Menschenknochen mit Anzeichen von Tierfraß. Sie stammen von mindestens fünf relativ groß gewachsenen Männern mit einem Durchschnittsalter von dreißig bis vierzig Jahren und in guter körperlicher Verfassung, die bis zu einem halben Dutzend und mehr Verletzungen am Schädel sowie im Bereich der Arme aufweisen. Lage, Ausrichtung und Häufigkeit der Hiebdefekte lassen vermuten, dass die Opfer teilweise auch von hinten und wahrscheinlich von mehreren Kämpfern gleichzeitig attackiert wurden. Die Bearbeiter Günther Lange und Michael Schultz nehmen an, dass es sich um germanische Söldner handelte, die nur unzureichend ausgerüstet waren.

Zivile Opfer in unruhigen Zeiten ...

Für das Jahr 252/53 n. Chr. sind Frankeneinfälle auf römisch besetztes Gebiet belegt, im Zuge derer mehrere Orte im Rheinland schwer verwüstet wurden. In diesen Kontext gehört ein Brunnenfund aus dem Legionslager in Bonn, der im Jahr 1994 im Rahmen einer Rettungsgrabung untersucht wurde. Im südwestlichen Teil des Lagerareals stießen die Archäologen auf Überreste ehemaliger Kasernenbauten und unweit davon auf einen Brunnen, in dessen oberen Verfüllschichten Menschenknochen zum Vorschein kamen. Bei den Skeletten, die ineinander verschachtelt, zumeist aber noch im anatomischen Verband lagen, fand man Gürtelschnallen, Haarnadeln, Perlen, Schuhnägel und einige Bronzemünzen – persönlichen Besitz der Toten, die offensichtlich mit ihrer Kleidung in den Brunnen geworfen worden waren. Dazwischen und darüber fanden sich jede Menge Bauschutt und Abfall wie Wandputz und Dachziegel, Glas- und Tonscherben, Tierknochen, Teile eines Kettenhemdes und ein verlorengegangener Spielstein aus Marmor. Fehlende Bissmarken an den Knochen belegen, dass die Aufräumarbeiten inklusive Entsorgung der Leichen kurz nach den Kämpfen stattfanden.

Alles in allem lassen sich Skelettreste von mindestens fünf Kindern und Jugendlichen sowie elf Erwachsenen im Alter zwischen ein bis zwei und etwa fünfzig Jahren nachweisen. Einige Skelette sind unvollständig überliefert, bestimmte Partien im Laufe der Liegezeit wohl in tiefere Schichten abgesackt, die aufgrund der knappen Zeit von den Ausgräbern nicht mehr untersucht werden konnten.

Das Durchschnittsalter der Männer liegt bei rund 28 Jahren, dasjenige der Frauen etwa zehn Jahre darüber; speziell die älteren Frauen zeigen eine leichte Abflachung im Scheitelbereich, die typisch ist für das Tragen von Lasten auf dem Kopf oder mittels eines über den Kopf verlaufenden Tragegurts auf dem Rücken. Hier sind offenkundig auch Vertreter der arbeitenden Bevölkerung repräsentiert. Stärker abgekaute Zähne und Abnutzungserscheinungen an den Gelenken weisen in dieselbe Richtung. Zwei der Erwachsenen plagten sich mit rheumatoider Arthritis. Karies und intravitaler Zahnverlust sind vergleichsweise häufig, Hinweise auf Entwicklungsstörungen und Mangelsituationen dagegen schwach ausgeprägt. Zwei der Frauen haben des Öfteren Arbeiten im Hocken erledigt. Obwohl zahlenmäßig klein, erscheint die Gruppe auffallend heterogen, das heißt eher typisch für einen Ausschnitt aus einer Stadtbevölkerung.

Den drei Säuglingen (Individuum 2, 7 und 8) könnten rein altersmäßig die jüngeren Frauen Ind. 3, 6 und 14 als Mütter zugeordnet werden. Es wurden jedoch noch keine DNA-Analysen durchgeführt. Die epigenetischen Merkmale weisen am ehesten auf Ähnlichkeiten zwischen den beiden erwachsenen Individuen 5 und 6 hin. Die junge Frau Ind. 3 trug entweder aus Eitelkeit oder aus Mangel an passendem Schuhwerk zu enge Schuhe – beide Großzehen sind deformiert –, und der 13- bis 15-jährige Knabe Ind. 12 litt bereits seit längerem an einer schmerzhaften eitrigen Knochenmarksentzündung. Sie starb infolge eines Schwerthiebs gegen den Hals, der Knabe wurde durch einen Hieb quer über die Augen getötet.

Spuren von Gewalteinwirkung können bei mindestens zehn der 16 Personen nachgewiesen werden. Zusätzlich dürfte noch eine größere Zahl von Weichteilverletzungen anzunehmen sein. Männer und Frauen sowie Kinder und Jugendliche sind gleichermaßen davon betroffen. In der überwiegenden Mehrzahl handelt es sich um Anzeichen scharfer Gewalt. So finden sich allein am Schädel der älteren Frau Ind. 10 vier Hiebdefekte – ihr Kopf wurde von der Stirn bis zum Hinterkopf gespalten. Der etwa vierjährige Knabe Ind. 11

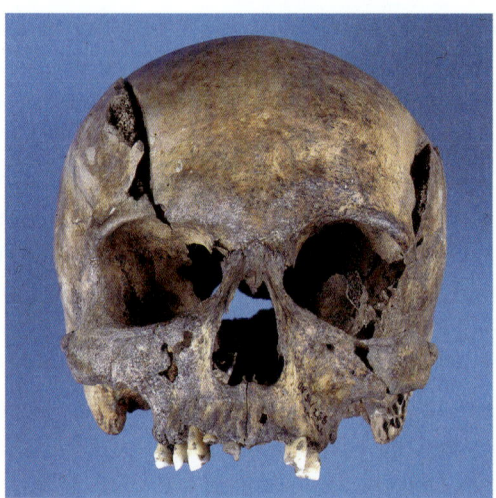

Bonn. Schädel der etwa fünfzigjährigen Frau Ind. 10 mit klaffenden Hiebverletzungen auf der linken und rechten Seite. Sie wurde von insgesamt
vier Hieben getroffen und hatte keine Überlebenschance.

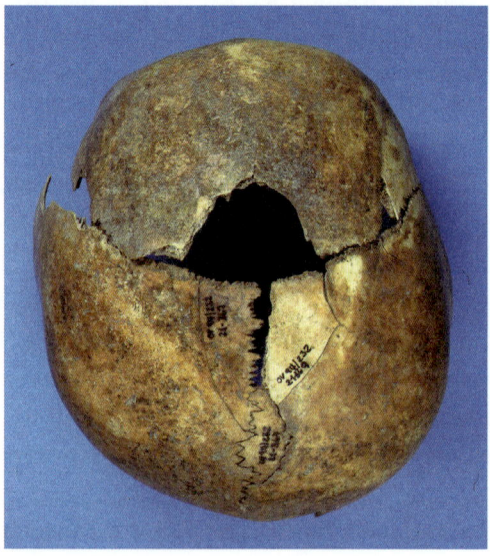

Bonn. Am Schädel des etwa vierjährigen Knaben Ind. 11 konnte ein durch
stumpfe Gewalteinwirkung verursachter Frakturkomplex im Bereich des
Mittelscheitels festgestellt werden.

ist zweimal von einer Keule oder Ähnlichem, der dreißig- bis vierzigjährige Mann Ind. 9 an der linken Schläfe von einem hammerartigen Gegenstand, wahrscheinlich dem Nacken eines Beiles getroffen worden. Die Rippenfrakturen des Säuglings Ind. 7 könnten auf Schläge oder Tritte gegen den kleinen Körper zurückgehen. Ein Teil der Verletzungen dürfte den Betroffenen beigebracht worden sein, als sie bereits am Boden lagen. Die vorgefundenen Läsionen konzentrieren sich eindeutig im Kopf-, Hals- und Schulterbereich. Das Fehlen typischer Abwehrverletzungen zeigt, dass die Opfer keine nennenswerte Gegenwehr leisteten.

... nicht nur in Nordrhein-Westfalen

Vergleichbares ist aus hessischen Fundstellen überliefert. In Nida-Heddernheim waren bereits vor Jahrzehnten Menschenknochen aus Brunnenfüllungen geborgen worden, die meisten jedoch schlecht dokumentiert. Aus einem Brunnen vor dem Nordtor der Stadt stammt der Schädel eines fünfzig- bis sechzigjährigen Mannes, dessen Kopf möglicherweise von einer Lanze oder Ähnlichem durchbohrt worden war. Zudem können eine Schnittspur in der linken Ohrregion und ein weiterer Lochdefekt festgestellt werden, entstanden beim Durchschneiden der Kehle oder beim Abtrennen des Kopfes und vielleicht beim Annageln desselben als Trophäe.

Anders in Befund 35, einem Brunnen, der neben Bauschutt und sonstigen Abfällen die Überreste von drei Menschen enthielt, die wahrscheinlich plündernden Germanen zum Opfer fielen. Es handelt sich um eine 25- bis 30-jährige, etwa 1,65 bis 1,68 Meter große Frau, deren rechter Gesichts- und Hirnschädel durch einen Schlag mit einem stumpfen Gegenstand zertrümmert und deren linker Oberschenkel im unteren Drittel von einem Schwert oder einem vergleichbaren Gegenstand getroffen worden war. Nach vorliegender mtDNA-Analyse war sie vermutlich die Mutter des zwei- bis dreijährigen Kindes, das sich seine Knochenbrüche vielleicht erst beim Sturz in den Brunnenschacht zuzog. Der Dritte im

Bunde ist ein ebenfalls 25- bis 30-jähriger, rund 1,80 Meter großer Mann, der eine nahezu identische Verletzung im Kopfbereich aufweist. Weitere Defekte finden sich unter anderem am Unterkiefer, am rechten Oberarmknochen und an mehreren Rippen. Da Anzeichen von Tierfraß fehlen, sind die Körper der drei rasch beseitigt worden. Die Skelettproportionen und markante Muskelansatzstellen deuten darauf hin, dass die Opfer wohl nicht italischen Ursprungs, aber an harte Arbeit gewöhnt waren. Es scheint sich demnach eher um Sklaven aus einem der nahe gelegenen römischen Anwesen gehandelt zu haben.

Erschlagen, skalpiert und im Brunnen versenkt

Zu den eindrucksvollsten Belegen dieser Art zählen drei bayerische Fundkomplexe. Aus zwei rund dreißig Meter voneinander entfernten Brunnen einer römischen *Villa rustica* bei Regensburg-Harting wurden Skelettreste von zehn Erwachsenen und drei Kindern geborgen. Die meisten von ihnen sind nur in Teilstücken überliefert. Trennspuren im Bereich des Schultergürtels und Beckens sowie an Armen und Beinen deuten darauf hin, dass sie zerlegt wurden. Zuvor waren sie mit einem wuchtigen Schlag quer über die Stirn getötet, teilweise enthauptet und die Frauen skalpiert worden. Der Anthropologe Peter Schröter sieht darin eine systematische Verstümmelung und bringt den ganzen Vorgang im Kontext der übrigen Funde mit einer Opferungszeremonie in Verbindung – kultische Anthropophagie nicht ausgeschlossen, vielleicht dargebracht als Bitt- oder Dankopfer für den Sieg. Denkbar wäre auch, dass die Täter in eine Art Blutrausch verfallen sind. Fünf der Toten zeigen eine anatomische Variante am Schädel, die darauf hindeutet, dass hier vielleicht Angehörige einer Familie vertreten sind – möglicherweise diejenige des Gutshofbesitzers.

Ebenfalls aus der Mitte des 3. Jahrhunderts n. Chr. stammen die Schädelreste von mindestens sechs Personen aus dem Schutt eines bei einem Alamanneneinfall niedergebrannten und nicht wieder aufgebauten Tempels einer orientalischen Gottheit aus der

Regensburg-Harting. Der Gesichtsschädel einer jungen Frau weist tiefe Einschnitte auf, die quer über die Stirn verlaufen. Sie werden als Skalpierungsspuren gedeutet.

Augustenstraße in Regensburg. Bei einer Jugendlichen könnte das Spurenbild darauf hinweisen, dass ihr Kopf von einem Speer oder etwas Ähnlichem durchstoßen wurde. Ansonsten sind Loch- und Impressionsfrakturen sowie Brandspuren nachweisbar. Das Fehlen der Unterkiefer und anderer Skelettteile lässt Spielraum für weitere Interpretationen.

Keine Einzelfälle

In dieselbe Zeit gehören Skelettreste von acht Männern, vier Frauen und zwei weiblichen Jugendlichen im Alter zwischen etwa 13 und 50 bis 60 Jahren aus dem Sodbrunnen vom SBB-Umschlagplatz in Kaiseraugst (Nordschweiz). Knapp die Hälfte von ihnen wurde auf dieselbe Art und Weise getötet wie die Menschen in Regensburg-Harting. Es finden sich Spuren eines kräftigen, quer auf die Unterstirn oder schräg von vorn gegen Schläfe und Stirn zielenden Schlags. Eine solche Parallele an einem anderen Ort scheint die Theorie einer regelhaften, vielleicht ritualisierten Vorgehensweise zu bestätigen. Ihre Leichname wurden im Anschluss daran allerdings nicht zerstückelt, sondern vollständig in dem über zwölf Meter tiefen Brunnenschacht versenkt. Die Bearbeiter Beate und Dieter Markert konnten darin außerdem Überreste von acht Pferden, zwei Eseln und 22 Hunden identifizieren – eine Akkumulation, bei der sich der Gedanke an eine Opferungszeremonie kaum von der Hand weisen lässt.

Erst kürzlich wurde eine 2005 entdeckte Doppelbestattung zweier Männer aus Trier veröffentlicht, die um 400 n. Chr. in einem hölzernen Sarkophag nebeneinander in gestreckter Rückenlage in der Nähe eines Monumentalbaus beerdigt worden waren. Herr A war zwischen 40 und 55, Herr B über 60 Jahre alt. Die Anthropologen vermuten kelto-romanischen Ursprung. Charakteristische Hiebspuren an den Halswirbeln zeigen, dass beide von hinten enthauptet wurden. A traf der Hieb im Bereich des zweiten Halswirbels und blieb im linken Unterkieferwinkel stecken, bei B erfolgte der Hieb auf Höhe des fünften Halswirbels bei scheinbar leicht nach vorn geneigter Kopfhaltung. Mit Körperhöhen von 1,70 und 1,73 Meter lagen die Männer leicht über dem Durchschnitt ihrer Zeitgenossen. Die intramurale Lage ihres Grabes, die geringe Zahnkronenabrasion wie auch die in Relation zum Sterbealter eher schwach ausgeprägten degenerativen Veränderungen geben Anlass zu der Vermutung, dass es sich in diesem Fall eher um Angehörige der Oberschicht handelte – vielleicht hingerichtete Patrizier?

10 „WENN DER VATER MIT DEN SÖHNEN ..."

Das frühe Mittelalter war eine Epoche großer Veränderungen. Die Völkerwanderungszeit erhielt 375 durch das Vordringen der Hunnen ihren entscheidenden Schub und bewirkte unter anderem im Laufe des 5. Jahrhunderts massive Bewegungen auf politischer Ebene. Zu Beginn des 6. Jahrhunderts waren Alamannen, Thüringer und Bajuwaren dem fränkisch-merowingischen Königshaus untertan, bis um 720 n. Chr. die Karolinger das Zepter übernahmen. Im 6. Jahrhundert tauchen bei den Kontinentalgermanen erste Runeninschriften auf. In der zweiten Hälfte des 6. Jahrhunderts suchte eine Pestepidemie ganz Europa heim und raffte bis zu fünfzig Prozent der Bevölkerung hinweg. Aus dem 6. bis 9. Jahrhundert stammen die *Leges*, die ältesten Rechtsaufzeichnungen der Germanen. Für das beginnende 8. Jahrhundert sind erste Klostergründungen belegt (St. Gallen 719).

Am Vorabend der Schlacht bei Zülpich 496/97 lässt sich der Frankenkönig Chlodwig taufen. Doch das Christentum benötigt noch geraume Zeit, um großräumig Fuß zu fassen. Aus Goldfolie geschnittene Kreuze als Grabbeigabe, eine langobardische Tradition, finden sich in Adelsgräbern ab etwa 600 in Süddeutschland. Aber noch einhundert Jahre später werden in Lauchheim-Mittelhofen zwei Herren auf eigenem Grund und Boden bestattet, denen man nach dem Motto „sicher ist sicher" solche Symbole des neuen Glaubens kombiniert mit ihren Waffen ins Grab gelegt hat. In dieser Zeit war es eigentlich schon üblich, die

Verstorbenen auf Friedhöfen bei der Kirche im Ort zu begraben und auf Beigaben ganz zu verzichten, denn für das Leben nach dem Tode sind nach christlichem Gleichheitsprinzip eine hervorgehobene Position der Grablege und eine besondere Ausstattung nicht angesagt.

Vorher schien die Welt noch in Ordnung. In den Gräbern der außerhalb der Siedlung gelegenen Reihenfriedhöfe findet man feine Textilien, Betten, Kerzenleuchter und andere Gegenstände aus Holz, Objekte feinster Schmiedekunst und Hausgerät wie Keramik oder Spinnwirtel. Der merowingerzeitliche Mann der Upperclass wurde mit Hiebschwert (Sax), Langschwert (Spatha), Lanze, Schild und Wurfaxt (Franziska) bis an die Zähne bewaffnet beerdigt. Seine Gattin versah man mit edlem Geschmeide, unter anderem kunstvoll gefertigten Fibeln, Perlen, einem Gürtelgehänge inklusive Amuletten und mitunter verzierten Strumpfbändern – allen Dingen, die man im Jenseits braucht, um seinen Status angemessen zu repräsentieren. So viel wertvolles Edelmetall rief Grabräuber auf den Plan – in manchen Nekropolen wurden achtzig bis neunzig Prozent der Gräber bereits von Zeitgenossen ausgeplündert. So können die Archäologen bestenfalls noch erahnen, welche Pretiosen dereinst vorhanden waren.

Die Menschen der Merowingerzeit

Kalkulationen anhand der Größe der Nekropolen sowie ihrer Nutzungsdauer ergeben für das 6. Jahrhundert durchschnittliche Siedlungsgrößen von weniger als hundert Personen. In der jüngeren Merowingerzeit muss dann mit der doppelten Zahl oder mehr gerechnet werden. Eine zunehmende Landnahme bestätigt auch der für die Mitte des 7. Jahrhunderts registrierte Rückgang von Buchen- und Eichenpollen. Die Menschen leben von einer ausgewogenen Mischdiät aus pflanzlicher und tierischer Nahrung. Es gab ein halbes Dutzend verschiedener Getreidesorten, Hülsenfrüchte und Obst (Pflaume, Kornelkirsche und Feige). Dazu kommen Nachweise von Koriander, Dill, Mangold, Bohnenkraut, Petersilie und Kohl.

Frauen wurden im Mittel 1,62 Meter groß und hatten eine Lebenserwartung von rund dreißig Jahren. Die Werte der Männer liegen bei ca. 1,72 Meter und etwa 35 Jahren. Doch es gab auch über Sechzigjährige, und allein im nordschweizerischen Elgg variierte die Körpergröße der Männer zwischen 1,56 Meter und über 1,80 Meter. Der sogenannte Reihengräbertypus wurde von unseren Vorvätern als lang-schmalschädelig und reliefgesichtig mit markanter Überaugenregion sowie prominenter Nase beschrieben. Hoher Wuchs, blonde Haare und Vollbart vervollständigten das Germanenklischee. Dass daneben aber auch kleinere, mäßig robuste bis grazile Menschen mit niedrig-breiten Gesichtern und rundlichen Köpfen existierten, wurde häufig verdrängt.

Ob die Reihenfriedhöfe überhaupt die gesamte Bevölkerung widerspiegeln, wird bis heute diskutiert. Der Anteil von Kindern und Jugendlichen liegt mit durchschnittlich 23 Prozent niedriger als erwartet, und die meisten Nekropolen zeigen einen deutlichen Männerüberschuss. Unter Umständen ist die Erwartung eines höheren Anteils von Nichterwachsenen falsch, aber die Geschlechter sollten jeweils etwa hälftig vertreten sein. Zudem gibt es Hinweise darauf, dass auch die soziale Stellung der Verstorbenen eine Rolle gespielt haben könnte bei der Frage, wer dort bestattet wurde und wer nicht.

Die vermeintliche Beschaulichkeit hatte jedoch einige Schattenseiten: Mehr als die Hälfte aller Erwachsenen plagte sich mit Karies. Die Skelettreste lassen Anzeichen von Tuberkulose, Hirnhautentzündung, Kinderlähmung und zuweilen Krebsmetastasen erkennen. Gregor von Tours beschreibt für das 6. Jahrhundert unter anderem Ruhr, Blattern, Gicht, Wassersucht, Epilepsie, Gelbsucht und verschiedene Steinleiden. Doch die Ärzte der Zeit hatten nur eingeschränkte Wirkungsmöglichkeiten. Sie verordneten zwar Bruchbänder, führten Amputationen und ganz selten einmal eine Trepanation durch, hinsichtlich der Wundversorgung hingen sie allerdings noch der Lehre des alten Hippokrates an, in den Wunden mit gezielten Maßnahmen den *guten, löblichen Eiter* hervorzurufen, anstatt Entzündungen und deren häufig fatale Folgen so weit wie möglich zu vermeiden. Man glaubte, das Sekret wäre notwendig, um die schädlichen Stoffe abzuleiten.

An exponierter Stelle beerdigt

Nördlich des kleinen Ortes Inzigkofen im Landkreis Sigmaringen windet sich die Obere Donau durch die Juraformationen der Schwäbischen Alb. An der engsten Stelle liegen zwei Felskuppen einander gegenüber: der Amalienfelsen und die sogenannte Eremitage, ein rund zweihundert Meter langer Felsrücken, der auf drei Seiten steil zum Fluss abfällt. Bereits in der Jungsteinzeit such-

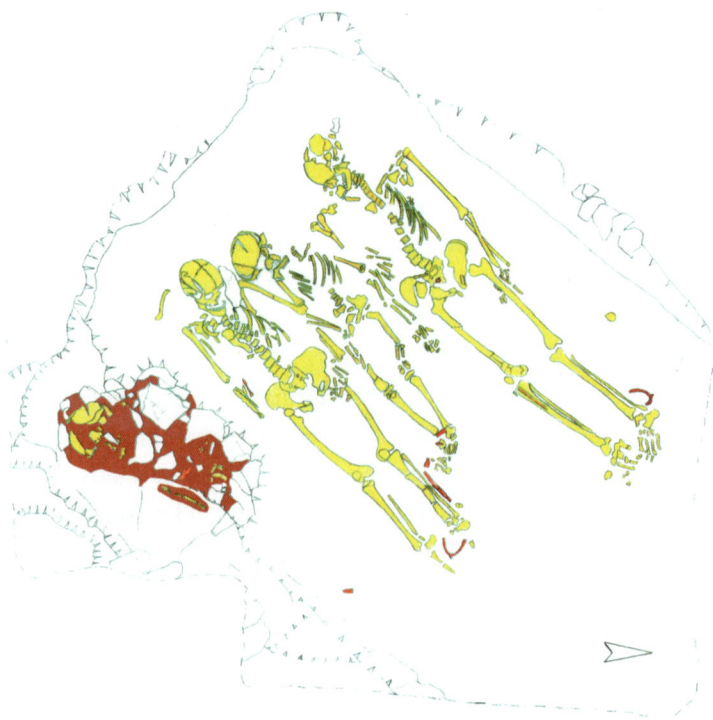

Inzigkofen. Aus der Umzeichnung geht die Anordnung der vier Bestatteten hervor. Der jüngste Knabe war nachträglich am Südrand beigesetzt worden. Sein älterer Bruder (?) lag zwischen den beiden Erwachsenen in der eigentlichen Grabkammer.

ten Menschen diesen besonderen Ort auf. Im April 2004 entdeckte man auf dem Gipfelplateau ein Depot mit acht Bronzesicheln, das als Weihegabe gedeutet werden kann, und etwas später die Bestattung eines acht- bis zehnjährigen Mädchens aus dem 11. Jahrhundert v. Chr. Die Ausgrabungen im Folgejahr sollten weitere Aufschlüsse über die frühere Nutzung dieses naturheiligen Platzes liefern. Dabei stießen die Archäologen weniger als fünf Meter vom bronzezeitlichen Hortfund entfernt auf etwas völlig Unerwartetes: eine Mehrfachbestattung aus der Merowingerzeit.

Metallene Beifunde stellen das Grab in die Zeit um 700 n. Chr., eine in Südwest-Nordost-Richtung orientierte, 2,60 Meter x 1,80 Meter große Grabgrube, deren unterste dreißig Zentimeter in den anstehenden Weißjurafelsen gehauen wurden. Darin dürfte eine etwa 2,00 Meter x 1,40 Meter messende Holzkammer gestanden haben, in der Schulter an Schulter nebeneinanderliegend drei Menschen in gestreckter Rückenlage beerdigt worden waren. Südlich direkt an dieses Geviert herangeschoben, jedoch vom Niveau her vierzig Zentimeter höher fand sich das Skelett einer vierten Person, das deutlich schlechter erhalten war als die übrigen.

Drei Morde und ein unklarer Todesfall

Für einen vom Fußende her auf die Szenerie blickenden Betrachter ergab sich folgendes Bild (von rechts nach links durchnummeriert):

Bei *Individuum 1* handelt es sich um einen 20- bis 25-jährigen, etwa 1,76 Meter großen Mann. Er war Rechtshänder, hatte einen verfaulten Backenzahn im Oberkiefer, schief stehende Zähne, Zahnstein, Parodontose und einen deutlichen Überbiss. Trotz seiner jungen Jahre sind bereits degenerative Veränderungen an der Lendenwirbelsäule zu erkennen. Entwicklungsstörungen am Zahnschmelz deuten auf eine Mangelsituation oder Infektionskrankheit im Alter von etwa fünf Jahren. Kleinere Läsionen an der Schädelbasis und an der rechten Fußwurzel gehen auf traumatische Ereignisse zu Lebzeiten, vielleicht einen Sturz zurück.

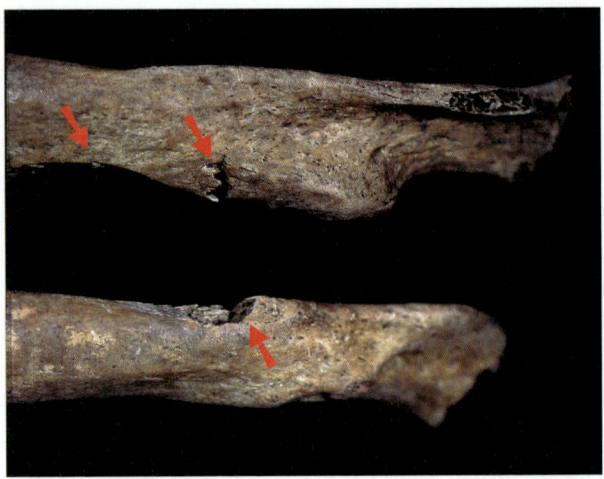

Inzigkofen. Die unscheinbaren Defekte an der linken neunten und zehnten Rippe von Ind. 1 dokumentieren zwei Lanzenstiche – wahrscheinlich von hinten her auf das bäuchlings am Boden liegende Opfer.

Spezielle Beachtung verdienen jedoch drei unverheilte Stichverletzungen im Bereich des Brustkorbs. Zwei davon wurden ihm von hinten beigebracht, die dritte von vorn. Die ersten beiden liegen unmittelbar beieinander nur wenige Zentimeter links der Wirbelsäule. Dabei drang eine zweischneidige Klinge einmal mehr oder weniger senkrecht zur Körperlängsachse und das zweite Mal um etwa neunzig Grad gedreht leicht schräg von oben zwischen der neunten und zehnten Rippe ein. Getroffen wurden der linke Lungenflügel sowie eventuell Leber und Milz. Der dritte Stich erfolgte von links vorn unten und zielte schräg nach oben, wahrscheinlich auf das Herz des jungen Mannes. Seine schweren inneren Blutungen dürften rasch zum Tode geführt haben. Neben einer Schnalle im Beckenbereich fand man ein Messer und eine Riemenzunge am rechten Unterschenkel sowie einen Nietsporn am linken Fuß, alles aus Eisen.

Das nächstgelegene Skelett, *Individuum 2*, stammt von einem acht bis neun Jahre alten, überdurchschnittlich großen Knaben – etwa zwanzig Zentimeter größer als zu erwarten, einem 12- bis 13-Jährigen entsprechend. Auch bei ihm sind Zahnstein, ein kariöser Backenzahn sowie Anzeichen von Parodontose festzustellen. Zwischen dem sechsten und siebten Halswirbel findet sich ein scharfrandiger Defekt, verursacht durch einen Schwerthieb von links oben. Seiner Eindringtiefe nach hat er die Halsschlagader durchtrennt. Der Knabe dürfte also binnen kürzester Zeit verblutet sein. Bei seiner Beerdigung trug er einen bandförmigen Fingerring aus Silber und ebenfalls einen Nietsporn am linken Fuß.

Individuum 3 ist ein rund vierzigjähriger, etwa 1,66 Meter großer Mann, der zwar nicht besonders robust war, aber deutlich kräftigere Muskelansatzstellen aufweist als Ind. 1. Zwei seiner Zähne sind kariös, vier waren bereits zu Lebzeiten ausgefallen. Erneut lassen sich massive Zahnsteinbildung, fortgeschrittene Parodontose, ein ausgeprägter Überbiss, Stellungsanomalien und Hinweise auf Entwicklungsstörungen in der Kindheit diagnostizieren. Dazu kommen altersgemäße Verschleißerscheinungen an den Gelenken, eine Knochenbrücke zwischen linkem Schien- und Wadenbein sowie eine abgeheilte Verletzung unterhalb des linken Auges.

Auch dieses Skelett zeigt Spuren mehrerer Gewalteinwirkungen. Besonders markant ist ein klaffender und scharf geschnittener, die rechte Schädelseite von der Stirn bis zum Hinterhaupt auf etwa 13 Zentimeter Länge eröffnender, von Absprengungen und Erweiterungsfrakturen begleiteter Defekt – verursacht durch einen Hieb von vorn oben mit einem extrem scharfen Gegenstand, bei dessen Einwirkung erheblicher Spreizdruck entstand. Das Resultat war eine offene Schädel-Hirn-Verletzung, die zum Tode führte. Daneben nehmen sich die übrigen Läsionen geradezu harmlos aus: eine Stichverletzung am linken Unterkieferkorpus, eine Kerbe am obersten Brustwirbel, die auf einen Schwerthieb zwischen Hals und Schulter zurückgeht, eine Abtragung in der linken Schulterregion – möglicherweise ein weiterer Hieb von vorn – sowie ein fraglicher Defekt nahe dem Brustbein. Die Ausstattung des Mannes bestand aus einer eisernen Pfeilspitze am rechten Unterarm, einem Messer am linken Unterschenkel und wiederum einem Nietsporn am linken Fuß.

Der Leichnam von *Individuum 4* wurde in einer Grube dicht an der Grabkammer für die anderen drei offenbar nachträglich beigesetzt. Im stärker humosen Liegemilieu über dem Fels waren die Überlieferungsbedingungen weniger günstig. Trotzdem lassen sich die spärlichen Überbleibsel einem etwa fünfjährigen Knaben zuschreiben. Erneut sind auffällige Zahnbefunde anzusprechen, dazu kommen Hinweise auf Eisen- oder Vitamin-C-Mangel. Auch wenn an seinen Knochenresten keine Verletzungen zu finden sind, ist nicht auszuschließen, dass er ebenfalls gewaltsam ums Leben kam. Als Beigaben fanden die Ausgräber ein Eisenmesser sowie eine Riemenzunge.

Das Drama von Inzigkofen

Alles in allem lassen sich Spuren von mindestens acht Traumatisierungen registrieren, die unterschiedliche Positionen zwischen Tätern und Opfern dokumentieren. Die Attacken erfolgten mit verschiedenen Tatwaffen, zum Teil auch von hinten. Die beiden Stichverletzungen im Rücken des jungen Mannes könnten ihm in Bauchlage beigebracht worden sein. Da es in der Merowingerzeit keine Dolche mit zweischneidiger Klinge gab, kommt dafür nur eine Lanze in Frage. Die große Wunde am Schädel des älteren Mannes dürfte am ehesten auf eine Wurfaxt, eine sogenannte Franziska, zurückgehen, der Defekt an seinem Unterkiefer möglicherweise auf einen Pfeilschuss, die übrigen Verletzungen bei Ind. 2 und 3 auf Hiebe mit einem Schwert. Art, Anzahl und Lokalisierung der vorgefundenen Läsionen sind eher mit einem Kampfgeschehen in Einklang zu bringen als mit einer rituellen Tötung, Hinrichtung oder Ähnlichem.

Mehrfachbestattungen sind für die Merowingerzeit ein seltenes Phänomen. Normalerweise erhielt jeder Verstorbene sein eigenes Grab. Im vorliegenden Fall haben wir es zweifellos mit einer Schicksalsgemeinschaft zu tun. Die vier Toten wurden aber nicht nur abseits eines regulären Friedhofs, sondern bewusst an einem markanten Platz beigesetzt. Die Wahl dieses Ortes war offensichtlich so bedeutsam, dass man sich sogar der Mühe unterzog, einen

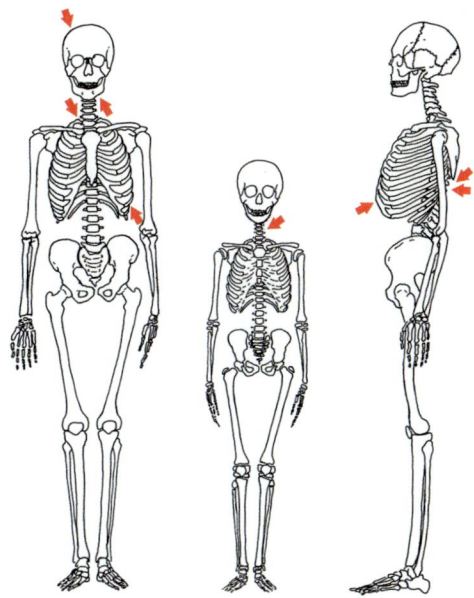

Inzigkofen. In die Skelettschemata wurde die Lage der bei den *Individuen* 1 bis 3 gefundenen Verletzungen eingetragen. Die Orientierung der Pfeilmarkierungen gibt die Einwirkungsrichtung der jeweiligen Waffen an.

Teil der Grabanlage aus dem anstehenden Felsen herauszuschlagen. Er muss für die Toten und die Hinterbliebenen also von ganz besonderer, vielleicht sogar magischer Bedeutung gewesen sein. Möglicherweise waren die vier dort in einen Hinterhalt geraten.

Ein weiteres Augenmerk der Untersuchung galt den Beziehungen der Getöteten untereinander. Was hat es mit dem später hinzugefügten Ind. 4 auf sich? Die beiden Erwachsenen zeigen gleichartige Zahnfehlstellungen im Unterkiefer, alle vier Individuen gemeinsam relativ seltene Formvarianten der oberen seitlichen Schneidezähne und andere epigenetische Merkmale. Somit lag die Vermutung von Verwandtschaft nahe. Einen weiteren Fingerzeig in diese Richtung ergab die Analyse der mitochondrialen DNA. Dabei ließ sich für alle vier der als sogenannte Anderson-Sequenz bekannte Haplotyp j01415 nachweisen, der auch heute am häufigsten auftritt, möglicherweise schon vor 1300 Jahren weit verbreitet war und zumindest auf eine gemeinsame Abstammung über die mütterliche Linie hinweist. In ihrer Ahnenreihe wäre demnach eine gemeinsame Urahnin anzunehmen. Ind. 3 könnte der Vater oder Onkel von Ind. 1, 2 und 4 gewesen sein.

Der jüngere der beiden Knaben stand zweifellos in enger Beziehung zu den anderen Toten, sonst hätte man seinen Leichnam nicht so nahe wie möglich an deren Grabkammer herangerückt. Doch offenbar war die Beisetzung der Ind. 1 bis 3 bereits erfolgt, als er starb, und man wollte deren Totenruhe nicht stören. Der zeitliche Abstand zwischen beiden Vorgängen lässt sich zwar nicht näher eingrenzen, dürfte jedoch nicht sehr groß gewesen sein. Möglicherweise war der Fünfjährige sogar dabei, als seine Angehörigen angegriffen wurden, und ist erst später seinen Verletzungen erlegen. Vielleicht sollte er auch nur seinen älteren Brüdern und seinem Vater/Onkel im Leben nach dem Tode nahe sein. Die Hinterbliebenen bringen durch das Arrangement die emotionale Bindung zwischen den Verstorbenen zum Ausdruck. Die beiden Erwachsenen nehmen den Acht- bis Neunjährigen, der womöglich nur aufgrund seiner Größe überhaupt in die Auseinandersetzung verwickelt – und bereits mit eigenen Waffen versehen? – war, in ihre Mitte und beschützen ihn so im Jenseits vor äußeren Gefahren.

Da die drei in der Grabkammer Bestatteten Sporen tragen, sind sie archäologisch als Reiter ausgewiesen. Sogenannte Reiterfacetten an den Hüftgelenken des älteren Mannes bestätigen, dass er wohl tatsächlich des Öfteren auf einem Pferderücken gesessen hat.

Jede Mehrfachbestattung eine Nuance anders

Zum Vergleich mit Inzigkofen sollen noch zwei weitere Fundorte mit Dreifachbestattungen aus dem frühen Mittelalter Südwestdeutschlands erwähnt werden. Sie zeigen, dass jeweils eine differenzierte Betrachtung notwendig ist und auch diese vom allgemeinen Bestattungskanon abweichenden Sonderformen nicht über einen Kamm geschoren werden können.

Anfang der 1960er Jahre wurde bei Niederstotzingen, Landkreis Heidenheim, der Friedhof einer alamannischen Adelsfamilie ausgegraben – zwölf Grablegen mit Überresten von 14, nach neueren Untersuchungen jedoch mindestens 15 Personen und drei Pferden, die in einen Zeitraum von etwa dreißig Jahren zu Beginn des 7. Jahrhunderts datieren. Einige der Bestattungen zählen zu den reichsten der gesamten Region. Die Beigaben deuten auf langobardisch-byzantinische Verbindungen. In dem teilweise vom Bagger zerstörten Grab 12 waren drei mit Schwertern versehene Erwachsene beigesetzt worden. Einem davon bescheinigte der Anthropologe Norman Creel „deutlich weibliche" Skelettmerkmale. Könnte hier eine Amazone ihre letzte Ruhe gefunden haben? Auch in dem unversehrt angetroffenen Grab 3 soll laut einer Genanalyse aus dem Jahr 2000 eine Frau zusammen mit zwei Männern beerdigt worden sein. Die ihr zugeschriebenen Knochenreste zeigen zwar ein Mosaik aus männlichen und weiblichen Merkmalen, doch würden die morphologischen Kriterien in der Summe wohl eher für einen Mann sprechen. Gerade dieses Grab war bis dato im Zusammenhang mit freiwilliger Totenfolge diskutiert, der/die Tote 3c als Marschalk und die beiden anderen als Mundschenk und Gefolgsherr bezeichnet worden. Alle drei haben eine komplette Waffenausstattung bei sich. Um diesen und den Befund aus Grab 12 endgültig zu klären, sind neue DNA-Analysen in Arbeit.

Während bei der seinerzeit in Tübingen durchgeführten Untersuchung der Skelettreste aus Niederstotzingen keine Hinweise auf die Todesursache gefunden wurden – möglicherweise aufgrund der schlechten Knochenerhaltung? –, bietet sich bei der Dreierbestattung Grab 206 aus Hessigheim aus der ersten Hälfte des 8. Jahrhunderts ein dem Fund aus Inzigkofen vergleichbares Bild, nur dass man hier drei nahezu gleichaltrige Männer zusammen innerhalb eines Friedhofs beigesetzt hat. Alle etwa dreißig Jahre alt, sind sie einer Auseinandersetzung, bei der sie sich offenbar erfolglos einer Überzahl von Gegnern erwehren mussten, zum Opfer gefallen. An den drei Skeletten lassen sich insgesamt über zwanzig Verletzungen erkennen, zumeist im Kopf-, Hals- und Schulterbereich. Den Mann

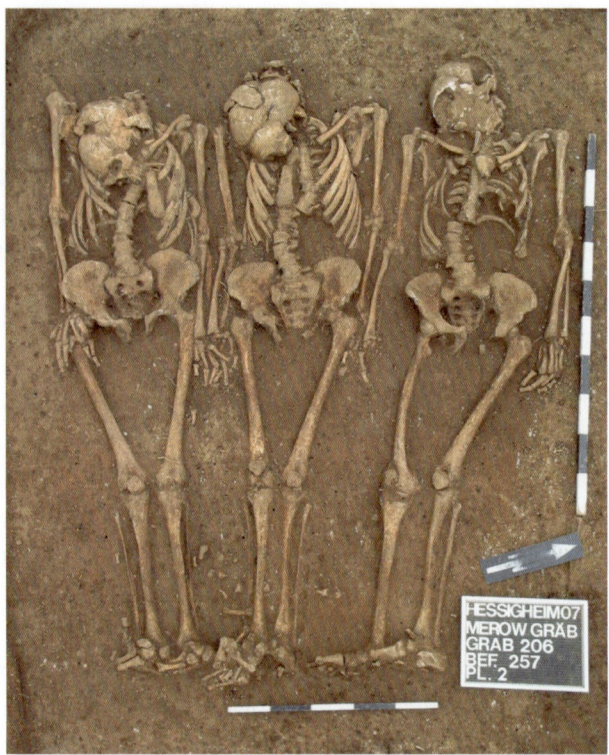

Hessigheim. Alle drei gemeinsam in Grab 206 bestatteten Männer waren ca. dreißig Jahre alt. Insgesamt konnten Spuren von über zwanzig Gewalteinwirkungen festgestellt werden.

206C trafen unter anderem zwei Schwerthiebe ins Gesicht, mit einem dritten hat man versucht, ihm den Kopf abzutrennen.

Waffen sind zum Benutzen da

Im frühen Mittelalter galt es auf der Hut zu sein. Gewalttätige Konflikte waren vielleicht nicht an der Tagesordnung, aber man musste jederzeit damit rechnen. So finden sich auch auf regulären Gräberfeldern immer wieder Skelette mit verheilten oder unverheilten Defekten. Einen traurigen Rekord hält der etwa 25-jährige Mann aus Grab 5 aus Rottenburg-Seebronn: 14 Hieb- und Schnittwun-

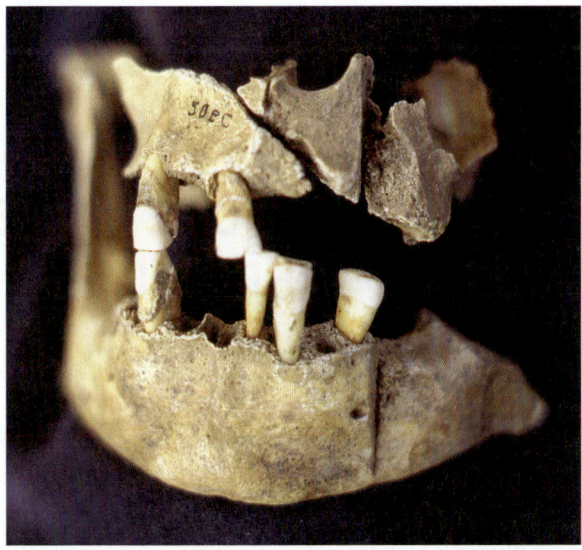

Hessigheim. Der Mann Ind. C wurde mindestens fünfmal attackiert. Zwei Hiebe hinterließen tiefe Kerben und spalteten den Ober- und Unterkiefer.

den, von Kopf bis Fuß über den gesamten Körper verteilt, ließen ihm keine Überlebenschance. Dem rund fünfzigjährigen Clan-Chef aus Lauchheim-Mittelhofen wurden ein stumpfer Schlag gegen das rechte Scheitelbein und mindestens sechs Schwerthiebe gegen Kopf und Hals zum Verhängnis. Sein Grab stammt aus dem letzten Viertel des 7. Jahrhunderts.

Ob der etwa gleich alte Mann aus Herrenberg Grab 308 ebenfalls ein gewaltsames Ende fand, konnte nicht geklärt werden, da sein Skelett von Grabräubern zerwühlt wurde und nur unvollständig überliefert ist. Ihm war Jahre vor seinem Ableben die linke Hand im Kampf abgeschlagen und bei seinem Ableben um 700 n. Chr. in einem Kästchen mit ins Grab gelegt worden. Vielleicht ein früher Christ, der am Tag des Jüngsten Gerichts nicht unvollständig vor seinen Schöpfer treten wollte ...

 11 UNGARISCHE REITER-KRIEGER FALLEN IN EUROPA EIN

Viele Menschen assoziieren mit Ungarn Stichworte wie Paprika, Gulasch oder Puszta und haben abseits dieses Klischees vielleicht davon gehört, dass die ungarische Sprache zwar entfernt mit dem Finnischen, aber mit keinem indogermanischen Zungenschlag verwandt ist. Man erzählt sich, dass der aus dem Burgenland stammende Komponist Franz Liszt bereits nach wenigen Unterrichtsstunden den Versuch aufgegeben habe, Ungarisch zu lernen, nachdem er mit dem Wort *tántoríthatatlanság* (Unerschütterlichkeit) konfrontiert worden war. Dabei gibt es neben dem weltberühmten Gellert-Bad, der zweitältesten U-Bahn Europas sowie dem geheimnisvollen Labyrinth im Budaer Burgberg allein in der Hauptstadt viel zu entdecken. Und Touristen aus Deutschland wissen sehr zu schätzen, dass zumindest unter den älteren Ungarn die meisten unserer Sprache mächtig sind.

Es hätte aber auch anders kommen können, denn die Magyaren stießen während der sogenannten Landnahmezeit vom ausgehenden 9. Jahrhundert bis zur Mitte des 10. Jahrhunderts in mehreren Wellen weit nach Mitteleuropa vor. Sie kamen über Bayern, Schwaben, Franken und Thüringen bis nach Oberitalien, Lothringen und Burgund, Nordfrankreich, Belgien und Dänemark. Auch im 14. und 15. Jahrhundert war Ungarn eine europäische Großmacht. Und bei dem bekannten Bamberger Reiter handelt es sich in Wirklichkeit wohl um ein Abbild des ungarischen Königs Stephan, der 1083 heiliggesprochen wurde.

Der nachfolgend beschriebene Fund gehört ins 10. Jahrhundert. In dieser Zeit hatten Bayern und Ungarn eine gemeinsame Grenze – verbunden über eine Region entlang der Donau, die als Ostmark bezeichnet wurde. Das Verhältnis zwischen beiden war zwiespältig: Einerseits plünderten und brandschatzten die Ungarn in Bayern, andererseits haben auch bayerische Herren zuweilen gemeinsame Sache mit ihnen gemacht. Ein auf die Gegenseite zum Festmahl geladener und dabei erschlagener ungarischer Heerführer könnte sogar als Leitmotiv für das Nibelungenlied gedient haben.

Die raumgreifenden Ungarnstürme des 10. Jahrhunderts fanden ihr Ende mit der Schlacht auf dem Lechfeld bei Augsburg im Jahr 955 – obwohl einige bayerische Adelige den Sieg König Ottos des Großen zu hintertreiben versuchten, wie man heute weiß. Die späteren Geplänkel wusste der bayerische Herzog Heinrich der Zänker im Zaum zu halten. Zur Festigung gutnachbarlicher Beziehungen verehelichte er seine Tochter im zarten Alter von elf Jahren 995/96 mit Stephan, dem 25-jährigen Sohn des ungarischen Großfürsten Géza. Diese Verbindung bewirkte die Christianisierung Ungarns und dessen Etablierung als Königreich.

Begraben im Innenhof einer römischen Villa rustica

Der römische Gutshof von Bietigheim, Kreis Ludwigsburg, war der Forschung schon länger bekannt. Seine Ruinen, die älteren Schriftquellen zufolge noch in der ersten Hälfte des 16. Jahrhunderts oberirdisch sichtbar waren, liegen in der Flur „Weilerlen" auf einer lössbedeckten Hochfläche über dem rechten Ufer der Enz. Die gesamte Anlage ist etwa drei Hektar groß. Bei ihren Untersuchungen im Jahr 1986 stießen die Archäologen im Innenhof zwischen zwei Gebäudefundamenten auf eine in mehrfacher Hinsicht ungewöhnliche Bestattung: eine nord-südlich orientierte schmale Grabgrube, in der zwei Erwachsene in gestreckter Rückenlage – offenbar ohne eine Zwischenschicht aus Erde – Kopf an Fuß direkt übereinanderliegend beerdigt worden waren. Das südliche Ende des Grabes

Bietigheim. Die ungewöhnliche Doppelbestattung zweier Männer war zwischen den Ruinen eines römischen Gutshofs angelegt worden. Aus dem zehnten Brustwirbel des oben Liegenden ragt der Schaftdorn einer eisernen Pfeilspitze.

reichte an die alte Mauerrollierung heran, von der beim Ausheben der Grube einige Steine entfernt wurden.

Man hatte die beiden Toten jeweils mit seitlich am Körper anliegenden Armen niedergelegt. Die Füße des Oberen waren auf die linke Schulter des Unteren gerutscht und hatten dabei womöglich dessen Kopf nach links verdreht.

Bei den Skeletten fanden sich keinerlei Beigaben, Teile der Kleidung, Ausrüstungsgegenstände oder sonstige Accessoires. Trotzdem lässt sich der Fund sowohl zeitlich als auch kulturell mit den Überfällen ungarischer Reitertruppen im 10. Jahrhundert in Zusammenhang bringen. In einem Brustwirbel des oben liegenden

Leichnams steckte eine eiserne Pfeilspitze, deren Form so charakteristisch ist, dass sie zweifelsfrei dem reiternomadischen Milieu Osteuropas zugeordnet werden kann. Solche Projektile wurden fast ausschließlich von den Altmagyaren benutzt.

Zwei Männer in einem Grab – die Opfer

Die oben liegende Person wurde von den Ausgräbern als *Individuum 1* bezeichnet. Ihr Kopf lag im Norden. Die Knochen sind mittelmäßig robust und stammen von einem etwa vierzigjährigen, ca. 1,60 Meter großen Mann. Da keine nennenswerten Degenerationserscheinungen festgestellt werden konnten, musste er offenbar keine schweren körperlichen Arbeiten verrichten. Er war Rechtshänder und hatte auffallend muskulöse Arme. Besonders die Ansatzstellen des sogenannten *Musculus extensor carpi radialis longus* sind kräftig ausgebildet. Dieser Muskel ist speziell für die Drehung des Unterarms und die Beugung des Ellenbogengelenks zuständig – Bewegungen, wie sie bei bestimmten handwerklichen Tätigkeiten, aber auch im Schwertkampf häufig vorkommen.

Das Gebiss des Mannes war in katastrophalem Zustand: fast die Hälfte aller Zähne kariös oder bereits zu Lebzeiten ausgefallen. Dazu kommen Wurzelvereiterungen und fortgeschrittene Parodontitis. Von besonderer Bedeutung für sein Schicksal und für die Deutung des gesamten Befundes war jedoch ein verrosteter länglicher Metallgegenstand, der aus seinem zehnten Brustwirbel ragte. Zunächst konnte man lediglich einen im Wirbelkörper steckenden, knapp vier Zentimeter langen und spitz zulaufenden Stab mit rundlichem Querschnitt erkennen. Das Röntgenbild offenbarte später, dass es sich dabei um den Schaftdorn einer sogenannten Dornpfeilspitze handelte. Ihr rautenförmiges, rund 5 Zentimeter x 2,5 Zentimeter großes Blatt steckte zur Gänze im Wirbel und hatte diesen mit großer Wucht gespalten. Das Stück kann aufgrund seiner charakteristischen Form altmagyarischen Reiterkriegern zugeordnet werden. Der Mann kam also gewaltsam ums Leben. Dabei traf der Pfeil mehr oder weniger horizontal von schräg hinten rechts, war zwischen der achten und neunten Rippe in den Brustkorb eingedrungen und dürfte den rechten Lungenflügel durchschlagen haben.

Das unten liegende *Individuum 2* mit dem Kopf im Süden ist ebenfalls männlich, fünf bis zehn Jahre jünger, aber etwas robuster und rund fünf Zentimeter größer als sein Partner. Sein Gebiss ist fast genauso schlecht: Fünf Zähne sind von Karies befallen oder intravital verlorengegangen, drei Wurzelabszesse und massive Zahnsteinanhaftungen finden sich an den unteren Frontzähnen. Dazu kommen schwache arthrotische Veränderungen im Bereich der Lendenwirbelsäule, am rechten Ellenbogen sowie an beiden Knie- und Fußgelenken. Als Jugendlicher hat er womöglich unter Rachitis gelitten. Verknöcherungen an den Ansatzstellen der Achillessehne an den Fersenbeinen weisen auf stärkere Belastungen der Fußgelenke hin. Unter Umständen war er über längere Strecken und häufiger per pedes unterwegs oder stemmte sich beim Reiten mit Kraft in die Steigbügel. Zudem sind verheilte Frakturen an einer unteren Rippe der linken Seite sowie am Steißbein und eine länger zurückliegende Impression im linken Schläfenbereich festzustellen. Erstere könnten als Folgen eines Sturzes, Letztere im Zusammenhang mit einer tätlichen Auseinandersetzung interpretiert werden.

Auch dieser Mann ist offensichtlich eines gewaltsamen Todes gestorben. Es fanden sich vier unverheilte Defekte, die von drei separaten Gewalteinwirkungen herrühren: eine Abkappung des äußeren Endes des linken Schlüsselbeins, dazugehörig eine Scharte am linken Schulterblatt, eine Läsion am rechten Kreuzbeinflügel, verursacht durch einen Stich von vorn, und eine weitere Stichverletzung am rechten Scheitelbein. Alle drei Verletzungen können auf einen schmal-länglichen, scharfkantigen und spitz zulaufenden Gegenstand, sprich ein Schwert, einen Säbel oder Ähnliches zurückgeführt werden.

Hinsichtlich ihres Erscheinungsbildes sind die beiden Männer am ehesten als Vertreter der einheimischen Bevölkerung des 10. Jahrhunderts anzusehen, von Historikern als „ottonische Alamannen" bezeichnet. Sowohl ihre Schädelmorphologie als auch ihre Körperproportionen unterscheiden sich eindeutig von Skeletten, die den Magyaren der Landnahmezeit, früheren Awaren oder jüngeren Arpaden der Ungarischen Tiefebene zugeschrieben werden können.

Die Täter und ihre Ausrüstung

Die „Urungarn" waren ein heterogenes Volk, ein Bevölkerungsgemisch aus europiden, türkischen und slawischen Komponenten sowie auf die Awarenzeit zurückgehenden Anteilen asiatischer (mongolider) Elemente. Im Vorfeld lassen sich im archäologischen Kontext unter anderem langobardische Einflüsse und Wechselbeziehungen zum Byzantinischen Reich erkennen.

Sie besaßen eine effektive Reitausstattung. Ihre Sättel bestanden aus einem gepolsterten, über dem Pferderücken offenen Holzrahmen mit integrierten Steigbügelriemen, Brust- und Hintergurten und häufig mit Zierbeschlägen versehener Halspartie. Das Geschirr bestand aus Trense, Zaum- und Stirnriemen. Die Form des Fußtritts am Steigbügel lässt erkennen, dass die Reiter Stiefel mit weicher Sohle trugen, was ihnen eine nuancierte Kommunikation mit ihren Pferden erlaubte. Waffengurte, Gurt- oder Satteltaschen mit Feuerzeug und anderen Utensilien sowie die Reiterstiefel waren ebenfalls verziert.

Für den Nahkampf trugen die Magyaren einen sogenannten Fokosch, eine Axt mit gebogener und relativ schmaler Schneidenpartie, deren Nacken zu einem kugelförmig endenden Schlagstück ausgezogen war. Ihre wichtigste Waffe auf kurzer Distanz war indes ein schlanker, rund achtzig Zentimeter langer und leicht gebogener Säbel, der auf der linken Seite am Gürtel hing. Dessen Griffangel war gegenüber der Klinge etwas abgewinkelt, die Parierstange mit ihren Enden leicht schräg zur Klinge hin gebogen. Die Klinge selbst besaß eine Blutrinne, war etwa drei Zentimeter breit, scharf geschliffen und im Bereich der Spitze zweischneidig, also effizient als Hieb- und als Stichwaffe nutzbar. Mit dieser Rückenschneide konn-

te zum Beispiel das Pferd eines Widersachers von unten her aufge-
schlitzt und außer Gefecht gesetzt werden, ohne dass die Hand, die
den Säbel führte, gedreht werden musste.

Die gefürchtetste Waffe der ungarischen Reitertruppen war
jedoch ihr Reflexbogen, der aus mehreren verleimten Schichten
Holz, Sehnen und Knochenplatten, teilweise mit Leder überzogen,
bestand. Die Herstellung dieser Kompositbögen dauerte viele Monate. Sie waren relativ kurz und daher ideal vom Pferd aus einzu-
setzen. Das Geheimnis ihrer immensen Durchschlagskraft besteht
darin, dass sie mit aufgebrachter Sehne bereits erheblich vorge-
spannt sind. Beim Zurückziehen mit aufgelegtem Pfeil addiert sich
die Kraft des Schützen. Es entstehen Zugkräfte von bis zu achthun-
dert Newton. Mit entsprechendem Training sind je nach Pfeiltyp
im Direktschuss punktgenaue Treffer bis auf sechzig Meter möglich

Bietigheim. Ein mit Reflexbogen ausgerüsteter magyarischer Reiter schießt
aus vollem Galopp.

und Schüsse im schräg angesetzten Pfeilhagel noch auf mehrere hundert Meter tödlich.

Geübte Schützen konnten bis zu zehn Salven pro Minute abgeben und somit ihren Gegnern bereits auf große Distanz beträchtliche Verluste beibringen. Die tüllenlosen Dornpfeilspitzen besitzen eine leicht erhabene Mittelrippe und sind trotzdem nur knapp drei Millimeter flach. Schlankere Formen dieser schmiedeeisernen Projektile waren problemlos in der Lage, Kettenhemden zu durchschlagen. Die Pfeilköcher wurden auf der rechten Seite am Gürtel getragen. Doch die Bögen haben zwei Schwachpunkte: Sie sind anfällig gegenüber Feuchtigkeit und aufgrund von Materialermüdung infolge der enormen Belastungen im Dauereinsatz. Letzteres wird unter Spezialisten auch als einer der Gründe für die Niederlage der Magyaren in der Schacht auf dem Lechfeld diskutiert.

Pfeil und Bogen spielten darüber hinaus auch im Grabritus eine besondere Rolle. In den Köchern der Bestatteten findet man niemals mehr als sieben Pfeile: Im Glauben der frühen Ungarn bestand die Überwelt aus sieben Ebenen, bewacht von einer gleichen Zahl von Ungeheuern, die es im Jenseits mit jeweils einem Schuss zu besiegen galt.

Die Rekonstruktion der Tat

Der ältere der beiden Männer aus Bietigheim wurde durch einen Pfeilschuss getötet. Falls der Schütze vom Pferd aus abgezogen hat, müsste das Opfer der Schussbahn zufolge leicht erhöht oder hangaufwärts gestanden haben. Möglicherweise hat der Mann noch versucht, sich nach links wegzudrehen, um dem Pfeil auszuweichen. Durchschlagskraft und Eindringtiefe des Projektils lassen sich mit dem Einsatz eines Reflexbogens erklären. Aufgrund der schweren Verletzungen dürfte der Mann sofort kampfunfähig gewesen und alsbald an inneren Blutungen gestorben sein.

Für *Individuum 2* kann das Geschehen anhand des vorhandenen Spurenbildes noch detaillierter rekonstruiert werden. Lokalisation und Schwere der einzelnen Verletzungen lassen folgenden

Bietigheim. Anhand der beim unten liegenden *Ind. 2* vorgefundenen Verletzungsspuren lässt sich der Ablauf des Kampfgeschehens in verschiedenen Phasen rekonstruieren.

Ablauf vermuten: Täter und Opfer stehen einander mit Schwert resp. Säbel und Schild bewaffnet gegenüber. In einem unachtsamen Moment trifft ein Hieb des Magyaren seinen Kontrahenten an der linken Schulter. Dem Getroffenen entgleitet sein Schild. Instinktiv greift er mit der rechten Hand an seine Schulter, lässt dabei sein Schwert fallen und krümmt sich vor Schmerz nach vorn. In diesem Moment sticht der Gegner Richtung Kopf und trifft den Verletzten am rechten Scheitelbein. Die Wucht des Stiches oder eine Ausweichbewegung wirft den so Attackierten nach hinten, er fällt auf den Rücken, und der Angreifer versetzt ihm den finalen Stich in den Unterleib. Die Wunden an Kopf und Schulter waren nicht tödlich – das Opfer dürfte an der Bauchverletzung gestorben sein. Hinsichtlich der gesamten Abfolge ist nicht auszuschließen, dass beide Alamannen vielleicht sogar von ein und demselben Kämpfer zur Strecke gebracht wurden.

Was danach geschah, lässt sich nur ansatzweise erkennen. Die Toten wurden, weil Nagespuren an den Knochen fehlen, offensichtlich rasch nach der Tat und platzsparend im selben Grab beerdigt – ob von dem oder den Tätern selbst oder vielleicht von Plünderern, die zufällig des Weges kamen, muss offen bleiben. Zumindest hatte man ihnen vorher noch ihre persönliche Habe, möglicherweise auch die gesamte Kleidung genommen. Wenn es der oder die Angreifer waren, könnte darin auch eine gewisse Ehrerbietung den Opfern gegenüber zum Ausdruck kommen. Oder es ging nur darum, die Tat zu vertuschen. Überlebende der Auseinandersetzung oder später hinzugekommene Angehörige hätten die Leichen jedoch eher mitgenommen und auf dem heimischen Friedhof in christlicher Manier beigesetzt.

Das Grab war inmitten römischer Ruinen angelegt worden – möglicherweise der Ort, an dem die Auseinandersetzung stattfand. Seine West-Ost-Orientierung liefert ebenfalls keine weiteren Anhaltspunkte – diese war sowohl bei Christen als auch bei Magyaren üblich. Mehr als ein Jahrtausend später kam es zu einer Stippvisite der beiden Bietigheimer in der Hauptstadt ihrer ehemaligen Widersacher. Anlässlich einer Sonderausstellung des Hauses der Bayerischen Geschichte im Jahr 2001, die zunächst im Oberhausmuseum in Passau und anschließend im Ungarischen Nationalmuseum in Budapest gezeigt wurde, war das Grab mit den Originalknochen rekonstruiert worden: Die Opfer konnten – wie es einer der beteiligten Archäologen formulierte – endlich im Herkunftsland der Täter ihre stumme Anklage vorbringen.

In Österreich fünfhundert Jahre früher

Eine ähnlich minutiöse Rekonstruktion des Geschehens war anhand der Kampfspuren an den Skelettresten eines Germanen des 5. Jahrhunderts aus dem Gräberfeld von Leopoldau in Niederösterreich möglich. Man hatte sein in Nord-Süd-Richtung orientier-

tes Grab bereits im August 1932 in der Flur „Donaufeld" aufgedeckt. Die detaillierte Untersuchung durch Egon Reuer vom
Institut für Humanbiologie der Universität Braunschweig wurde
1984 publiziert. Demnach stammten die Skelettreste von einem
1,75 bis 1,80 Meter großen, kräftigen Mann unter vierzig. In der
Stirnregion und am linken Scheitelbein fanden sich 41 bzw. 49
Millimeter lange oberflächliche Hiebverletzungen mit Absprengungen im Bereich der Außentafel. In seinem dritten Lendenwirbel
steckte eine dreiflügelige eiserne Pfeilspitze.

Dem Bearbeiter zufolge standen sich zunächst zwei Schwert-
kämpfer gegenüber. Die Endphase des Kampfes könnte folgendermaßen abgelaufen sein: Der Mann wird von vorn links im Stirn-
bereich getroffen. Er weicht mit offener Deckung zurück. In diesem
Moment trifft ihn der Pfeil eines zweiten Gegners von rechts vorn
aus leicht erhöhter Position – wahrscheinlich aus kurzer Distanz
abgeschossen von einem Bogenschützen zu Fuß. Der Pfeil dringt
zwischen Rippenbogen und Hüftknochen ein und durchschlägt
dabei wahrscheinlich die rechte Niere und/oder die *Vena cava in-
ferior*, die untere Hohlvene. Mit beiden Händen reflexartig zum
Pfeilschaft greifend, krümmt sich der Getroffene nach vorn, und
in dieser Haltung trifft ihn der zweite Schwerthieb seines direkten
Kontrahenten von vorn links oberhalb des linken Ohres.

Die beiden Kopfwunden sind nicht perforierend und waren für
sich genommen nicht tödlich. Doch bluten Verletzungen der Kopfschwarte normalerweise sehr heftig, was dem Verletzten Sicht und
Orientierung genommen haben dürfte. Im Endeffekt ist er wohl
an inneren Blutungen gestorben – und danach regulär bestattet
worden. Der Fall hat als der „Pfeilspitzenmann" von Wien-Leo-
poldau in die Literatur Eingang gefunden.

12 MICHAEL X. – EIN OPFER DER APPENZELLERKRIEGE IM JAHR 1403

Mit der Bezeichnung Appenzeller verbinden sich unterschiedliche Assoziationen. Sicher ist nur, dass sie etwas mit der Schweiz zu tun hat. Die Mehrzahl der Befragten dürfte darunter die Bewohner des Appenzellerlandes verstehen, zu dessen markantesten Erhebungen der Alpstein mit den Gipfeln Altmann und Säntis gehört. Den meisten Nichtschweizern unbekannt ist allerdings die Einteilung in die konfessionell unterschiedlich geprägten Kantone Appenzell Ausserrhoden und Appenzell Innerrhoden, beide eingeschlossen vom Kanton St. Gallen. Die zweithäufigste Nennung würde wohl dem überaus schmackhaften, bereits im 13. Jahrhundert erwähnten Käse aus der Region gelten, von dem ein Großteil der Produktion nach Deutschland exportiert und der aufgrund seines würzigen Aromas gern in Form von Raclette oder Fondue genossen wird. Liebhaber des besten Freundes des Menschen schließlich assoziieren damit eine international bekannte Hunderasse, den Appenzeller Sennenhund, mittelgroß, schwarz mit symmetrischen weißen und braunen Abzeichen. Wetterfest, kinderlieb und treu, wie er ist, gilt er als hervorragender Hüte- und Wachhund.

In den Appenzellerkriegen zu Beginn des 15. Jahrhunderts ging es allerdings um Handfesteres, ausgelöst durch ein Geflecht aus sozialen, wirtschaftlichen und territorialen Konflikten – von allen Beteiligten mit Vehemenz und großem Nachdruck ausgefochten.

Dabei wurde die historische Bedeutung der Auflehnung der Landbevölkerung von Appenzell gegen die bestehenden Herrschafts-
ansprüche der adeligen Äbte von St. Gallen im kollektiven Ge-
dächtnis der Eidgenossen sowie von einigen Historikern über
lange Zeit zu einer Art Klassenkampf gegen ausbeuterische Feu-
dalherren und zum Vorläufer der Französischen Revolution stili-
siert. Doch Bauernunruhen gab es im 14. und 15. Jahrhundert
auch anderswo, und überregionale Interessen spielten hier ebenfalls eine nicht zu unterschätzende Rolle.

Die soziopolitische Situation

Das Benediktinerkloster von St. Gallen hatte in Appenzell schon
lange das Sagen – ein von Beginn an spannungsgeladenes Verhältnis. Den Appenzellern war auferlegt, dem Fürstabt regelmäßige
Sach- und Geldleistungen zu entrichten, was diese jedoch nur wi-
derwillig, häufig mit Verzug und bisweilen auch gar nicht taten.
Zudem weigerten sie sich, ihm zu huldigen. Dabei fungierten regional zuständige sogenannte Ammänner als äbtische Verwalter
vor Ort. Sie hatten richterliche Befugnisse, setzten Steuern fest und
versuchten so, die klösterlichen Ansprüche durchzusetzen. Zudem
entschied der Abt über Erbschaftsangelegenheiten, Landkauf,
Jagd- und Fischereirechte sowie Eheschließungen. Die Situation
spitzt sich zu, als Bruno von Stoffeln (1379–1411) die Leitung des
wirtschaftlich heruntergekommenen Klosters übernimmt. Neue
Ammänner werden eingesetzt, die Abgabenlast wird deutlich erhöht und der erlahmten Zahlungsmoral mit drastischen Maßnahmen nachgeholfen. Man erlässt unter anderem das sogenannte
Todfallrecht, wonach beim Tod eines Untertanen dessen wertvolls-
tes Tier und ansehnlichstes Kleidungsstück abzugeben sind.

In der Folge verbünden sich im Januar 1401 mehrere Appenzeller Gemeinden mit der Stadt St. Gallen, die ebenfalls mit dem Kloster im Clinch liegt. Die Verbündeten revoltieren und zerstören die
zur Abtei gehörige Burg Clanx nördlich von Appenzell. Daraufhin
wendet sich Abt Bruno um einen Schiedsspruch an die Bodensee-

städte, unter anderem an Lindau, Überlingen und Konstanz als für die Region zuständigen Bischofssitz. Dort entscheidet man sich gegen die Appenzeller, und die Stadt St. Gallen steigt aus dem Bündnis wieder aus. Doch die Appenzeller fügen sich nicht. Sie tun sich mit dem eidgenössischen Schwyz zusammen, das sie 1403 in sein Landrecht aufnimmt und fortan die politische und militärische Führung innehat. Auf der Gegenseite hat Abt Kuno zwischenzeitlich ein 1392 mit Österreich geschlossenes Bündnis erneuert. Die Fehde eskaliert, und es kommt zu Plünderungen auf dem Gebiet der Fürst-abtei. Verhandlungsversuche des Abts scheitern. Er rüstet auf, zieht 1403 in die Schlacht am Vögelinsegg, aus der Appenzell und Schwyz als Sieger hervorgehen. Nun verbündet sich das Kloster mit dem Herzog von Österreich und Grafen von Tirol, dem Habsburger Leopold IV., der sich davon eine Sicherung seiner Besitztümer in Vorarlberg, in Tirol und im Thurgau verspricht – ein überaus ge-schickter Schachzug des Abts. Da die Schwyzer 1394 einen Frie-densvertrag mit dem Haus Habsburg geschlossen hatten, wurden sie so aus ihrem Bündnis mit den Appenzellern herausgelöst.

Der Herzog überträgt seinem jüngeren Bruder Friedrich IV. den Oberbefehl für die Schlacht am Stoss 1405. Doch zum wiederhol-ten Mal behalten die Appenzeller, die inzwischen wieder von der Stadt St. Gallen unterstützt werden, um eine weitere Ausdehnung des äbtischen Einflussbereichs zu verhindern, die Oberhand. Sie gründen den „Bund ob dem See", plündern über Monate im Thur-gau, im Rheinland und in Vorarlberg und nähren damit auch dort den Unabhängigkeitsgedanken der Landbevölkerung. Doch ihre Erfolgssträhne hält nicht an. Am 13. Januar 1408 erleiden sie bei Bregenz, das sie monatelang belagert hatten, eine bittere Nieder-lage gegen ein Heer der Bistümer Augsburg und Konstanz, das sich mit dem eigens zur Bekämpfung der Appenzeller gegründeten schwäbischen Ritterbund St. Jörgenschild zusammengetan hat – einer Vereinigung von Adeligen unter anderem aus dem Hegau, von der Oberen Donau und aus dem Allgäu. Kurz darauf löst der deutsche König Ruprecht den „Bund ob dem See" auf und erneuert die Ansprüche des Abts von St. Gallen. Die Appenzeller ziehen sich in ihr ursprüngliches Territorium zwischen Kurzenberg und Säntis zurück.

Doch wer nun denkt, die Angelegenheit war damit erledigt, irrt. Trotz zwischenzeitlicher Übereinkunft und Minderung der Steuerpflichten begehren die Appenzeller erneut auf. Auf Anordnung des Reichstags von Frankfurt zieht daraufhin ein Heer des Schwäbischen Städtebunds gemeinsam mit dem Ritterbund St. Jörgenschild unter Graf Friedrich VII. von Toggenburg gegen die Appenzeller in den Kampf und schlägt sie bei Gossau-Hueb in der Nähe von Herisau im Dezember 1428. Den Besiegten bleibt jetzt nichts weiter übrig, als die Grundherrschaft der Abtei endgültig anzuerkennen. Nach jahrzehntelangen Konflikten war damit zwar nur der vormalige Status quo wieder hergestellt, doch die Appenzeller hatten aller Welt gezeigt, dass sie sich von Macht und Größe nicht einschüchtern lassen.

Der entscheidende Fund – ein verwitterter Grabstein

Die jüngere Geschichtsforschung hat herausgefunden, dass in den geschilderten Auseinandersetzungen sowohl die Habsburger untereinander als auch die Bündnispartner Konstanz und St. Gallen nicht immer auf einer Linie waren. Gerade Konstanz verfolgte in stärkerem Maße eigene Ziele und strebte eine Führungsrolle im südlichen Bodenseeraum an – mancher Pakt und manche Entscheidung war diesem Kalkül geschuldet. Ein Skelettfund aus der Dreifaltigkeitskirche in Konstanz lieferte ein weiteres Mosaiksteinchen zum Bild des damaligen Geschehens.

Die zum ehemaligen Augustiner-Eremitenkloster gehörende Kirche war auf ungünstigem Baugrund errichtet worden, ihre Nordfassade bereits seit längerer Zeit in Schieflage geraten. Man entschloss sich zu umfangreichen Sanierungsarbeiten im Innen- und Außenbereich, um unter anderem die Fundamente zu sichern. Ein Unterfangen, das über zwei Jahre dauerte, und ein Glücksfall für die Mittelalter-Archäologen, die parallel zu den konservatorischen Maßnahmen optimale Aufschlüsse hinsichtlich der baulichen Details erhielten. Im Februar 2000 waren sie im Bereich des Westportals tätig und stießen dort auf eine mächtige, oberflächlich stark angegriffene Grabplatte aus Sandstein, zu deren Hebung ein Schwerlastkran angefordert werden musste. Bei näherer Inaugenscheinnahme der Platte ließen sich Spuren zweier Wappen und ein umlaufender Fries mit einer lateinischen Inschrift erkennen, die von einer Expertin der Heidelberger Akademie der Wissenschaften in wesentlichen Teilen entziffert werden konnte: [ANNO D(OMI) NI]. M. CCCC. TE / RCIO. XIIII. DIE MENS(IS). // ---MICH. HIC. SEPU[LTUS] ---. Zu Deutsch: „Im Jahr des Herrn 1403, am 14. Tag des Monats (---) Mich(ael?) ist hier begraben". Dabei war es vor allem die Jahreszahl, die die mit der Untersuchung beauftragte Historikerin Hildegard Bibby elektrisierte. Die Wappen, von denen eines ein Mühlrad mit vier Speichen zeigt, konnten bis heute leider noch keiner Familie direkt zugeordnet werden.

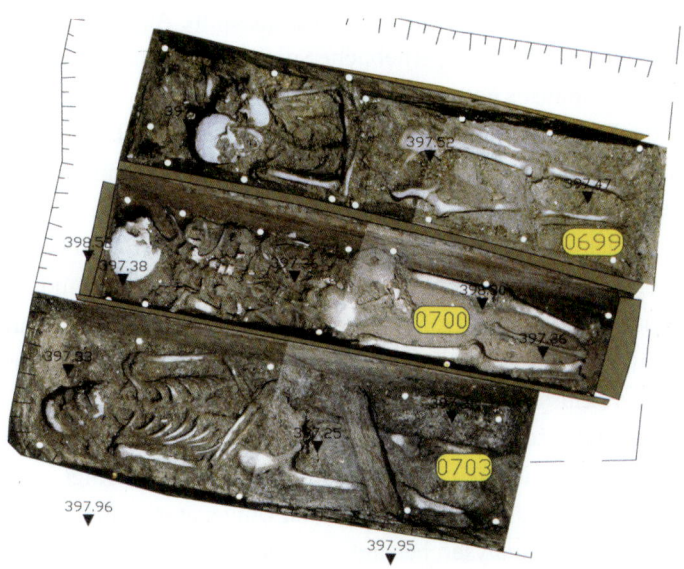

Konstanz. Die Grabplatte mit der Jahreszahl 1403 galt der mittleren der drei Bestattungen. Er war einer der Ritter, die sich mit dem Abt von St. Gallen verbündet hatten, aber trotz Überzahl und besserer Bewaffnung den Appenzeller Bauern unterlagen.

In der Grube unter dem Grabstein kamen direkt nebeneinander drei in West-Ost-Richtung orientierte beigabenlose Gräber zutage: eines davon eine schlichte Erdbestattung, die zwei anderen mit Holzsärgen versehen. Im nördlichen der Särge lagen die Skelette von zwei Personen deckungsgleich übereinander. Hier waren also vier Menschen bestattet worden, und die Sandsteinplatte bezog sich offenbar auf die mittlere der drei Grablegen. Sie erhielt die Befundnummer 700, die anderen 699, 703 und 704.

An exponierter Stelle bestattet

Ein Begräbnis im Bereich des Haupteingangs einer Kirche war stets privilegierten Personen vorbehalten. Jeder Besucher musste den Grabstein passieren, womit der Name des Verstorbenen allzeit präsent war. Für die Dreifaltigkeitskirche deutet manches darauf hin, dass an dieser Stelle die Stifter bestattet wurden, die nach dem Stadtbrand von 1398, dem auch das gesamte Augustinerkloster zum Opfer gefallen war, erhebliche Summen für den Wiederaufbau des Gotteshauses gespendet hatten.

Bei Befundnummer 699 handelt es sich um die Überreste einer sehr grazilen, etwa 1,58 Meter großen, rund sechzigjährigen oder älteren Frau. Verschiedene Skelettmerkmale weisen sie als Vertreterin einer höheren Sozialschicht aus – eine Bestätigung der herausgehobenen Grabposition – und belegen zudem, dass sie mindestens einmal entbunden hatte. Die Knochengerüste 703 und 704 stammen von ähnlich betagten Herren, die beide zu Lebzeiten nicht schwer arbeiten mussten: der eine ca. 1,66 Meter groß, der andere mit knapp 1,60 Meter etwas kleiner. Letzterer lag unter der Frau 699 im selben Sarg – vielleicht ihr Ehemann, der vor ihr beerdigt wurde? Am Gerichtsmedizinischen Institut der Universität Tübingen durchgeführte DNA-Analysen bestätigten einerseits die morphologische Geschlechtsdiagnose der beiden Männer und weisen sie andererseits als „nicht in mütterlicher Linie verwandt" aus. Dafür waren Finger- bzw. Zehenknochen der Verstorbenen verwendet worden. Weitergehende Aussagen zur Genetik waren leider nicht möglich.

Gewalt gegen Kopf und Hals

Das mittig gelegene Grab 700 enthielt das Skelett eines etwa
1,68 Meter großen, rund vierzigjährigen Mannes. Laut Inschrift
könnte er Michael geheißen haben. Er war eindeutig der Jüngste
in dieser kleinen Totengemeinschaft, Rechtshänder, hatte einen
leichten Überbiss und dürfte von heftigen Zahnschmerzen geplagt
gewesen sein. Elf Zähne sind kariös, drei weitere waren schon zu
Lebzeiten ausgefallen. Dazu kommen Parodontose, ein Wurzel-
abszess sowie eine größere Zahl von Fehlstellungen, die einen
heutigen Kieferorthopäden in helle Aufregung geraten ließen.
Neben einer entzündlichen Reaktion im rechten Hüftgelenk – vielleicht im Zusammenhang mit einer Reiterfacette – sind verknö-
cherte Sehnenansätze, arthrotische Wirbel-Rippen-Gelenke sowie
ein kräftiges Muskelmarkenrelief insbesondere an den Armkno-
chen festzustellen. Das spricht für eine stärkere körperliche Belas-
tung im Bereich des Oberkörpers. Ansonsten finden sich in Relation zum Sterbealter nur schwache Verschleißerscheinungen und
geringe Zahnabnutzung. Beides lässt wiederum die Zugehörigkeit
zu einem höheren Stand vermuten. Verheilte Verletzungen an der
Wirbelsäule, der rechten Schulter sowie am linken Wadenbein
und Fuß belegen allerdings, dass er kein Müßiggänger war. Dem
Ausheilungsgrad dieser Läsionen zufolge könnten sie alle auf ein
Ereignis zurückgehen: einen Unfall (Sturz vom Pferd?) oder eine
tätliche Auseinandersetzung.

Noch aufschlussreicher sind jedoch zahlreiche Spuren unverheil-
ter Gewalteinwirkungen am hinteren linken Scheitelbein, am Hinterkopf und an der Halswirbelsäule. Auf engstem Raum können hier
insgesamt zehn Defekte angesprochen werden, die auf neun sepa-
rate Traumatisierungen zurückzuführen sind. Die vergleichsweise
geringe Eindringtiefe der zugrunde liegenden Stöße/Stiche und
Hiebe lässt darauf schließen, dass ein Teil davon eventuell durch
einen Helm oder Nackenschutz gedämpft wurde. Abgesehen von
der vermutlich durch einen Armbrustbolzen verursachten Schussverletzung oberhalb des linken Ohres, der auf der Innenseite des

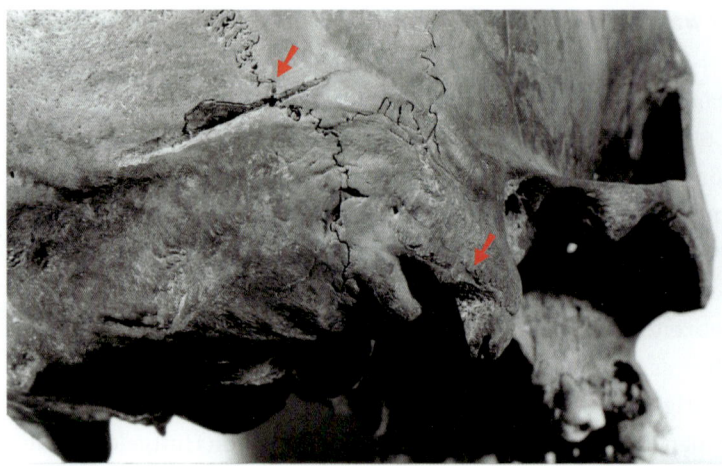

Konstanz. In der Hinterhaupt- und Nackenregion des Schädels aus Befund 700 lassen sich Spuren von insgesamt neun Traumatisierungen feststellen. Hier die rechte Seite mit zwei deutlichen Hiebkerben.

Schädels eine Trümmerpyramide zuzuordnen ist, und einer benachbarten Depressionsfraktur erfolgten alle Gewalteinwirkungen von hinten auf das wahrscheinlich bereits am Boden und auf dem Bauch liegende Opfer. Speziell mit den Wunden im Halsbereich dürften erhebliche Weichteilverletzungen einhergegangen sein.

Dem Spurenbild zufolge ist der vierzigjährige Michael X. zweifellos im Rahmen eines turbulenten Kampfgeschehens zu Tode gekommen. Dabei lagen die Schwachstellen seiner Rüstung offensichtlich in der Kopf- und Halsregion. Möglicherweise verlor er, nachdem ihn ein Schuss aus einer Armbrust und ein zusätzlicher Schlag getroffen hatten, seinen Helm.

Die Schlacht am Vögelinsegg

Fügt man die vorliegenden Indizien zusammen, spricht alles dafür, dass der Mann mit der Nr. 700 sein Leben in der Schlacht am Pass Vögelinsegg verlor. Sie ereignete sich am 15. Mai 1403 unweit des Ortes Speicher. Die Chroniken berichten, dass unter den Toten „etliche vornehme Konstanzer" zu beklagen waren, die die Trup-

Historische Darstellung zur Schlacht am Vögelinsegg in der Spiezer Chronik 1465.

pen des Abts von St. Gallen unterstützt hatten. Dessen Heer – rund viertausend Mann – war ob seiner Überzahl und überlegenen Bewaffnung siegessicher. Man verzichtete sogar auf militärische Grundprinzipien wie den Flankenschutz und den Einsatz von Aufklärern. Doch die Appenzeller – etwa 1:10 in Unterzahl – nutzten den Geländevorteil, hatten im Vorfeld eine zusätzliche Schutzwehr errichtet, täuschten einen Frontalangriff vor und fielen dann in die Seite des Gegners. Die Vorhut des Abts geriet in Panik, floh und „verfiel in heillose Unordnung". Die Appenzeller verfolgten die Fliehenden bis vor die Tore der Stadt St. Gallen und kannten kein

Pardon mit denen, derer sie habhaft wurden. Insgesamt sollen dreihundert Ritter – etwa ein Drittel davon Konstanzer –, aber nur weniger als zehn Appenzeller zu Tode gekommen sein. Auch wenn die absoluten Zahlen propagandistisch geschönt erscheinen, könnte die Relation der Gefallenen auf beiden Seiten dem Verlauf des Kampfes entsprechen. Neben Armbrüsten, Schwertern und Hellebarden kamen sogenannte Langspieße und Mordäxte zum Einsatz. Die vorliegenden Verletzungen könnten durchaus von derartigen Waffen stammen. Im Übrigen sollen einem Gerücht zufolge Soldaten des Abts dessen Angriffsplanung in weinseliger Stimmung vorab ausgeplaudert haben.

Obwohl sich das Datum der Beisetzung auf dem Grabstein in Konstanz nicht mehr eindeutig zu erkennen gibt, kann wohl davon ausgegangen werden, dass diese am 14. des Folgemonats – also fast genau einen Monat nach der Schlacht – oder noch später stattfand. Eine Verwechslung mit dem 15. Mai kommt nicht in Frage, da es sicherlich einige Zeit erforderte, bis der Leichnam überführt und die Sandsteinplatte hergestellt war. Folgerichtig müsste der Körper des Getöteten bis dahin zumindest kühl gelagert und/oder anderweitig konserviert worden sein. Es wurden indes keinerlei Spuren am Skelett oder in dessen Umgebung gefunden, die auf Einbalsamierung, Madenbefall oder Ähnliches deuten.

Die Habsburger erlitten im Laufe der Zeit noch mehrere Niederlagen gegen die alten Eidgenossen. Die nächste – im nationalen Bewusstsein der Schweizer von ebenso hohem Stellenwert – folgte nur zwei Jahre später am 17. Juni 1405 bei Stoss, einem Pass in der Nähe von Gais nordöstlich von Appenzell. Dort erlebte Herzog Friedrich IV. von Österreich bei schlechtem Wetter sein Waterloo. Vierhundert Appenzeller bezwangen mit ähnlicher Taktik wie am Vögelinsegg 1200 Habsburger. Am Ende blieben zwanzig gefallene Appenzeller und 350 gefallene Österreicher zurück.

Der Mythos lebt

An beiden Orten wurden Denkmale für die heldenhaften aufständischen Bauern von damals errichtet. Am Vögelinsegg blickt rund einen Kilometer nordwestlich vom eigentlichen Schauplatz ein misstrauisch dreinschauender und mit einem Morgenstern bewaffneter Appenzeller in Richtung der Stadt St. Gallen, die zwischenzeitlich aus dem Bündnis ausgestiegen war. Zur Schlachtkapelle am Stoss wallfahren die Innerrhoder noch heute jedes Jahr im Mai. In ihrem Gelübde danken sie dem Herrgott, dass er sie von der kirchlichen Herrschaft – gemeint sind der Abt und das Kloster St. Gallen – befreit hat.

Die feine Ironie dieser Aussage erschließt sich vielleicht erst bei wiederholtem Lesen.

13 DIE GEBEINE DES REFORMATORS

Reformatio bedeutet Umgestaltung, Erneuerung oder Wiederherstellung. Das Motiv der Reformatoren des 16. Jahrhunderts war die Wiederherstellung ihrer Überzeugung nach verlorengegangener Traditionen. Dabei profitierten die Protagonisten von der politischen Lage, denn die Kurie konnte gegen die Anfänge dieser in ihren Augen ketzerischen Bewegung nicht in gewohnt rigoroser Weise vorgehen. Es galt Rücksicht zu nehmen auf den eigenen Kandidaten für die Kaiserwahl, den sächsischen Kurfürsten Friedrich den Weisen, der dem neuen Gedankengut gegenüber aufgeschlossen war. Als weltliche wie kirchliche Würdenträger dann später versuchten, der Reformation entgegenzuwirken, hatten sich deren Ideen schon zu weit verbreitet, als dass man ihrer noch Herr werden konnte. Bis heute tut sich die römisch-katholische Kirche schwer, den aus den damaligen Ereignissen entstandenen Protestantismus als Kirche anzuerkennen.

Hauptakteur war zweifellos Martin Luther (1483–1546), der zunächst an der Universität Erfurt studiert, mit 22 Jahren den akademischen Grad *Magister Artium* erwirbt und dann zur Überraschung aller ins Kloster geht, wenig später bereits zum Priester geweiht wird und 1512 zum *Doctor theologiae* promoviert. Solchermaßen tiefe Einblicke in kirchliche Strukturen und Lehrinhalte, insbesondere die Ablehnung des Ablasshandels, münden 1517 in die Veröffentlichung seiner 95 Thesen, quasi den Urknall der Reformation. Auch vom Zölibat hält Luther nichts. 1525 heiratet er

Katharina von Bora, mit der er sechs Kinder haben wird. Am 29. Oktober desselben Jahres liest er in Wittenberg die erste Messe in deutscher Sprache. Eine Welturaufführung. Die häufig zitierte Aufforderung an seine Gäste, dem genossenen Mahl durch Freisetzung von Darmwinden Anerkennung zu zollen, ist übrigens nicht verbürgt. Tatsächlich aus seinem Munde stammen soll jedoch der Ausspruch: „Wenn ich hier einen Furz lasse, dann riecht man das in Rom." Weniger bekannt ist dagegen seine Einstellung zu den sogenannten Wiedertäufern. Zunächst moderat und diskussionsbereit, befürwortet er später ausdrücklich die Todesstrafe für die Anhänger dieser Bewegung. Die Täufer, wie sie sich selbst nennen, erkennen ausschließlich die Erwachsenentaufe an und stehen damit im Widerstreit zum Katholizismus, wonach die Taufe eines neuen Erdenbürgers so rasch wie möglich nach seiner Geburt stattzufinden hat, um ihn von der Erbsünde zu befreien.

Ein lebenslanger Freund und Mitstreiter Luthers war Philipp Melanchthon (1497–1560). Heute ruhen beide Seite an Seite in der Schlosskirche zu Wittenberg. Der Name Melanchthon geht auf dessen Mentor Johannes Reuchlin zurück, der als oberster Richter des Schwäbischen Bundes in Tübingen saß und den Familiennamen Schwartzerdt einer Zeitmode folgend so ins Griechische übertrug. Etwas schwächlich von Natur, würde man Melanchthon heute als hochbegabt einstufen. Er schrieb mit zehn Jahren erste Gedichte in Latein, begann sein Studium mit zwölf und legte im Alter von 17 Jahren seine Magisterprüfung ab. Zu den berühmteren Reformatoren gehört auch Andreas Osiander (1498–1552), obwohl die meisten Tübinger Studenten ihn wohl nur aufgrund der dort ansässigen Buchhandlung gleichen Namens kennen. Osiander war dreimal verheiratet, pflegte Kontakte zu Albrecht Dürer und hatte im Gegensatz zu den beiden anderen ein positives Verhältnis zum Hebräischen. Weitere namhafte Reformatoren waren Johannes Bugenhagen, Nikolaus von Amsdorf sowie Johannes Brenz, der Protagonist dieser Geschichte.

Brenz' Grab – eine wechselvolle Geschichte

Johannes Brenz, geboren am 24. Juni 1499 in Weil der Stadt, wurde einen Tag nach seinem Tod am 11. September 1570 in der Stuttgarter Stiftskirche beigesetzt. Man bettete ihn zur vermeintlich letzten Ruhe am Fuß der Kanzel, von der er gepredigt hatte. Einige Jahre später wurde ein Epitaph angebracht. Es zeigt ein Bildnis des Reformators, darüber einen Totenkopf, zu seiner Linken den Tod mit schussbereiter Armbrust und rechter Hand den auferstandenen Christus mit Kreuzfahne. Eine Inschrift auf der Rückseite verweist auf den Künstler: *Gemacht am Charfreytag den 17. Aprilis Anno 1584 durch J: S: Modist*. Hinter diesem Monogramm verbirgt sich Jonathan Sautter aus Ulm. Die Bezeichnung „Modist" weist ihn als Maler, Schreib- und Rechenlehrer aus. Die eigentliche Grabinschrift beginnt mit den Worten: „IOANNES BRENTIVS NATIONE SVEVVS ... THEOLOG. CLARISS ..." (Johannes Brenz von schwäbischem Stamme ... hochberühmter Theologe ...), beschreibt des Weiteren seine vielfältigen Verdienste und endet mit: „... CUM VIXISSET ANNOS LXXI. MEN. DVOS DIES XVII." (... nachdem er 71 Jahre 2 Monate 17 Tage gelebt hatte).

67 Jahre nach Brenz' Tod wird sein Grab geöffnet und der Leichnam des in der Gegenreformation in Stuttgart aktiven Jesuitenpaters Eusebius Reeb direkt neben ihm beerdigt. Die Chroniken vermelden, dass man dabei noch die grauen Haare des Reformators gesehen habe. Später aufkommende Gerüchte, man hätte bei dieser Gelegenheit die Gebeine von Brenz beseitigt, schienen sich bei einer Nachuntersuchung 1886 zu bestätigen. Doch man hatte wohl nicht genau genug hingeschaut: 22 Jahre später, beim Einbau einer Heizungsanlage, fanden sich an besagter Stelle „zwei menschliche Gerippe": näher zum Altar „ein größeres mit mächtigem Schädel" und direkt unter der Kanzel „ein kleineres, in Kalk gebettet".

Bei diesem bereits vierten Eingriff entnahm man die Überreste beider Männer und ließ sie gemeinsam in einer blechverkleideten Holzkiste wieder in den Boden ein. Gegen Ende des Zweiten Weltkriegs ging die Stiftskirche in Flammen auf. Von Brenz' Epitaph

Stuttgart. Der in zwei Kammern unterteilte Schrein mit den sterblichen Überresten von Johannes Brenz, mindestens dreier weiterer Personen und einigen Tierknochen war im Zuge umfänglicher Baumaßnahmen beschädigt worden.

erhielt sich nur das zentrale Ölbild, die anderen Teile wurden 1950 ersetzt. Die Kirche selbst wurde erst Jahre später wieder aufgebaut, der Schrein mit den Knochen „zugelötet am 8. 12. 55" und unter die zwischenzeitlich verlegte Kanzel versetzt. Die vorläufig letzte und bereits sechste Störung der Totenruhe ging mit umfangreichen Sanierungsarbeiten in der Stiftskirche zu Beginn des neuen Jahrtausends einher. Ein Bagger beschädigte den Schrein so stark, dass eine erneute Sicherung der Gebeine unumgänglich war. Bei dieser Gelegenheit entschloss man sich zu einer anthropologischen Untersuchung. Die Exhumierung der Gebeine fand am 17. August 2000 statt. Im Frühjahr 2003 wurden sie in einem neuen Schrein an alter Stelle wiederbestattet.

Der Mann vom Grab nebenan

Auf herzoglichen Erlass wird in der Dompfarrei Stuttgart 1535 die katholische Messe abgeschafft und vorerst nur noch evangelisch gepredigt. Während des sogenannten Interims von 1548 bis 1552 wird dieses Dekret etwas gelockert. Der Augsburger Religionsfrieden gestattet es den Fürsten dann, die Konfession im eigenen Land zu bestimmen, und Herzog Christoph entscheidet sich für den Protestantismus. Nur ausnahmsweise durften katholische Gottesdienste im privaten Bereich abgehalten werden. Nachdem in der Schlacht bei Nördlingen 1634 die schwedischen Truppen der protestantischen Union von den Verbündeten der katholischen Liga geschlagen worden waren, hatten in Stuttgart erneut die Österreicher das Sagen. Sie überließen die Stiftskirche den Jesuiten, die ihrerseits umgehend damit begannen, die Grabdenkmäler ihrer evangelischen Vorgänger zu beseitigen.

Im Zuge dessen wird 1637 der am 24. Mai des Jahres verstorbene Pater Eusebius Reeb im Grab von Johannes Brenz beigesetzt – ein gezielter Affront gegenüber den Protestanten. Man könnte die Aktion wohlwollend auch als frühes ökumenisches Zeichen werten. Besagter Reeb hatte nicht lange vor seinem Tod verkündet, die gerade wütende Pest würde die Menschen ihrem Glauben entsprechend heimsuchen – Katholiken seien eher davor gefeit als Protestanten. Ironie des Schicksals: Reeb starb selbst an der Seuche. Ein zusätzliches Indiz zur Unterscheidung der beiden 1908 angetroffenen Skelette: Die Kalkung eines Leichnams war üblich bei Pesttoten, und Brenz wird als Mann „von kräftiger Statur" beschrieben.

Brenz' Werdegang und Familie

Johannes Brenz hatte ein bewegtes Leben. Vergleichbar mit einem Stern auf dem „Walk of Fame" in Los Angeles hat er es immerhin zu einem Eintrag im ökumenischen Heiligenlexikon gebracht. Es gibt einen Johannes-Brenz-Preis und eine Brenz-Medaille, verliehen durch den Verein für württembergische Kirchengeschichte in Stuttgart und die Evangelische Landeskirche in Württemberg.

Als Sohn von Martin Heß, genannt „Prentz", geht er mit 15 Jahren an die Universität Heidelberg, wenig später begegnet er dort Martin Luther. 1523 empfängt er die Priesterweihe. Man ruft ihn nach Stuttgart, wo er einen evangelischen Katechismus erarbeitet, der – 1536 eingeführt – in einzelnen Passagen noch heute im Konfirmandenunterricht verwendet wird. Er entwirft Gottesdienstordnungen, trifft Melanchthon, wird 1553 von Herzog Christoph zum herzoglichen Rat und Landespropst auf Lebenszeit berufen und ist damit oberster Berater in Glaubensfragen. Sein Salär setzt sich zusammen aus 440 Gulden, einer Dienstwohnung und Naturalien. Mit der Großen Kirchenordnung von 1559 werden auf seine Initiative hin sogenannte Partikularschulen eingerichtet – das bedeutet Schulbildung für alle.

Mit 31 Jahren heiratet Brenz seine erste Frau Margarethe. Sie schenkt ihm sechs Kinder. 1546 fliehen sie vor den Wirren des Schmalkaldischen Krieges nach Hall. Brenz lehnt das verordnete Interim ab und soll auf Anweisung Kaiser Karls V. festgenommen werden. Die Familie flieht erneut, Margarethe stirbt 1548. Zwei Jahre darauf vermählt er sich mit Katharina Eisenmenger, die zum Zeitpunkt der Hochzeit gerade zwanzig ist; Brenz ist bereits 51. Aus dieser Ehe werden 13 Kinder hervorgehen. Es folgen weitere Jahre auf der Flucht, während derer er unter verschiedenen Pseudonymen publiziert. 1566 verfasst er sein Testament. Bei der Geburt seines jüngsten Kindes ist Brenz 68. Er wird schwerhörig und sieht nicht mehr gut, muss aufhören zu predigen und kann sich kaum mehr aus eigener Kraft fortbewegen. Mit siebzig Jahren ereilt ihn ein Schlaganfall, in den letzten zwei Wochen vor seinem Tod verschlechtert sich sein Zustand rapide.

In Anbetracht von Brenz' zahlreicher Nachkommenschaft verwundert es kaum, dass er eine breite genetische Spur hinterlassen hat. Er gilt als Stammvater berühmter Persönlichkeiten wie Dietrich Bonhoeffer, Hermann Hesse, Ludwig Uhland, Wilhelm Hauff und Richard von Weizsäcker.

Who is who im Schrein?

Bei dem im Jahr 2000 geöffneten Behälter handelte es sich um eine mit Zinkblech ummantelte und ausgekleidete Kiste aus Eichenholz. Sie war rund 85 Zentimeter lang, 35 Zentimeter breit, 32 Zentimeter hoch und durch ein Querbrett in zwei Kammern unterteilt, die Blechhülle mit rotbrauner Schutzfarbe gestrichen. In der etwas größeren Kammer (A) fanden sich der Hirnschädel eines etwa siebzigjährigen Mannes, der Unterkiefer eines Mannes von etwa vierzig Jahren mit massiven Zahnsteinablagerungen sowie 18 mehrheitlich fragmentarische Knochenreste des übrigen Skeletts von mindestens drei Personen. Dazwischen lagen Skelettteile von Schwein, Rind und Schaf/Ziege, die als typische Schlacht- und Speiseabfälle zu deuten sind und deren Anwesenheit den mangelnden Anatomiekenntnissen derjenigen zuzuschreiben sein dürfte, die seinerzeit die Umbettung der Gebeine vornahmen. Diese hatten offensichtlich alles eingesammelt, was ihnen unterkam. Eine Vielzahl älterer Beschädigungen und die Tatsache, dass keine Kleinteile wie zum Beispiel Fingerknochen vorhanden sind, sprechen ebenfalls für geringe Sorgfalt. Ein rechter Oberschenkelknochen sowie eine wahrscheinlich zugehörige Beckenhälfte weisen Perforationen mit Rostverfärbungen auf. Sie könnten dereinst als Reliquien auf einer hölzernen Unterlage befestigt gewesen sein.

Das kleinere Abteil (B) enthielt ausschließlich den mehr oder weniger komplett erhaltenen postmortal leicht deformierten Schädel eines deutlich über sechzigjährigen Mannes mit Überbiss und ehedem kräftiger Kau- und Nackenmuskulatur. Es fehlten 13 Zähne des Frontgebisses, die beim Verräumen erfahrungsgemäß häufig verlorengehen. Mit einem Hirnvolumen von 1540 Kubikzentimetern lag er zwar über dem Schädel aus Kammer A mit ca. 1420 Kubikzentimetern, aber nur neunzig Kubikzentimeter über dem Durchschnitt mitteleuropäischer Männerschädel. Was vor allem hervorstach, war jedoch sein auffallend hohes Gewicht von rund 1120 Gramm – etwa dreißig Prozent über normal. Im Röntgenbild bestätigte sich dann der Verdacht des an der Untersuchung betei-

Stuttgart. Die rechte Beckenhälfte und der zugehörige Oberschenkelknochen wurden in Kammer A gefunden. Die Perforationen weisen auf eine frühere Befestigung bzw. Zurschaustellung hin.

ligten Konstanzer Radiologen Andreas Beck: Es zeigten sich markante Verdichtungen und Verdickungen des Knochens, die zusammen mit verengten Gefäßaustritten im Bereich der Schädelbasis typische Anzeichen für ein Krankheitsbild darstellen, das nach dem englischen Chirurgen James Paget (1814–1899) als *Morbus Paget* bezeichnet wird.

Neben den Tierknochen lagen somit insgesamt Überreste von mindestens vier Personen vor: zwei Männern, die nach anthropologischen Standards als *senil* zu klassifizieren sind, einem jüngeren Mann sowie einem 14- bis 16-jährigen Jugendlichen. Es stellte sich die Frage, ob einer der beiden Schädel Johannes Brenz zugewiesen werden kann? Hinsichtlich des Sterbealters würden beide passen. Zur Klärung kam eine Methode zum Einsatz, die Superprojektion oder auch Superimposition genannt wird – ein Verfahren aus der Gerichtsmedizin, das unter anderem bei der Identifizierung des

KZ-Arztes Josef Mengele und der Gebeine der russischen Zarenfamilie erfolgreich angewendet wurde. Dabei wird ein Bild des Schädels auf das Foto einer vermissten Person projiziert. Über einen Abgleich bestimmter anatomischer Passpunkte wie Augenabstand, Kinnlinie, Lippenspalte und Nasenwurzel sowie der Konturen oder Größenrelation einzelner Abschnitte lässt sich mit hoher Zuverlässigkeit sagen, ob der fragliche Schädel von der betreffenden Person stammt oder nicht. Zur Zeit des Reformators war die Fotografie zwar noch nicht erfunden, aber es gab eine Alternative: das Porträt vom Epitaph.

Und es funktionierte: Der Schädel aus Kammer B und das Ölbild zeigen so viele Übereinstimmungen, dass dieser mit an Sicherheit grenzender Wahrscheinlichkeit als derjenige von Johannes Brenz angesprochen werden kann. Lediglich im Bereich des Ohres macht sich die lagebedingte Verformung des Schädels bemerkbar. Obwohl des Bild nachweislich erst 14 Jahre nach Brenz' Tod gemalt wurde, besitzt es quasi Fotoqualität. Man darf also annehmen, dass Sautter eine bereits zu Lebzeiten des Reformators angefertigte Skizze, ein anderes Porträt oder vielleicht eine Totenmaske zur Verfügung hatte. Der unvollständig erhaltene Schädel aus Kammer A müsste daraufhin dem Jesuitenpater Reeb zuzuschreiben sein. Dieser hatte eine stärker fliehende Stirn und ein stärker gewölbtes Hinterhaupt als Brenz und ein infolge Altersatrophie ausgedünntes Schädeldach.

Die Krankheit

Die Röntgenaufnahmen von Brenz' Schädel offenbaren außer den festgestellten Verdickungen fehlende Stirnhöhlen und massive Knochen dort, wo normalerweise gekammerte Strukturen vorhanden sind, also insgesamt eine übermäßige Anlagerung von Knochenmaterial, eine sogenannte *Hyperostose*. Diese führt unter anderem zu Verformungen und Nervenkompressionen sowie in der Folge zu chronischen Schmerzen, mehr oder weniger starken neurologischen Ausfallerscheinungen und möglicherweise Herzproblemen.

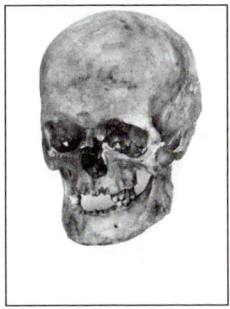

Stuttgart. Das in Öl gemalte Porträt aus dem Epitaph der Stiftskirche ermöglichte durch Superimposition die Identifizierung des Schädels aus Kammer B als den des Reformators.

Morbus Paget, medizinisch *Osteodystrophia deformans*, tritt meist jenseits der vierzig an einzelnen Knochen in Erscheinung, am häufigsten am Schädel und im Bereich der Wirbelsäule, was Lähmungen an Armen und Beinen zur Folge hat. Die Ursache der Krankheit, die zwar nicht heilbar, heutzutage aber immerhin medikamentös beherrschbar ist, konnte noch nicht vollständig geklärt werden. Wie so oft scheint auch hier eine genetische Disposition mitverantwortlich zu sein. Zu den charakteristischen Symptomen der Betroffenen zählen Schwerhörigkeit sowie Einschränkungen des Geh- und Sehvermögens – und genau diese sind für Johannes Brenz tatsächlich überliefert.

Todesursache: Verdacht auf Bleivergiftung

Differentialdiagnostisch kam zu Beginn der Untersuchungen auch die sogenannte Marmorknochenkrankheit (*Osteopetrose*) oder eine chronische Bleivergiftung in Betracht. Zur Abklärung dessen wurden nach der Zustimmung zur Beprobung des Schädels durch den evangelischen Dekan von Stuttgart im Hygiene-Institut der Universität Tübingen von Fritz Schweinsberg chemische Analysen durchgeführt. Diese erbrachten zunächst verwirrende Ergebnisse zwischen „normalem" und mehr als zehnfach erhöhtem Bleigehalt. Ist Brenz vergiftet worden? Der in verschiedenen Knochenschichten festgestellte Gradient wies auf einen überwiegend exogenen Eintrag des Schwermetalls hin, so dass als Hauptursachen wohl die seinerzeit verwendete Mennige, das beim Verschließen der Blechkiste verwendete Lötzinn oder eine unbekannte frühere Bleiexposition der Knochen angenommen werden können.

Trotzdem blieb eine leicht erhöhte endogene Bleibelastung für den Reformator festzustellen. Und das könnte am ehesten mit Bleirohren in der Trinkwasseranlage, mit der Benutzung von Essgeschirr mit bleihaltiger Glasur, bleihaltigen Salben oder der damals üblichen Verwendung von giftigem Bleiacetat, sogenanntem Bleizucker, zum Süßen sauren Weins erklärt werden – Letzteres ein bis zum Ende des 17. Jahrhunderts gängiges Verfahren. Ersatzweise stand nur Honig zur Verfügung; Zucker aus Rohr oder Rüben war noch unbekannt.

Doch Lähmungen an Armen und Beinen sowie Sehstörungen gehören ebenso zu den Symptomen einer fortgeschrittenen Bleierkrankung. Krankheit und Vergiftung könnten sich also überlagert haben. Unter Umständen war die Schwermetallbelastung der letzte Tropfen, der das Fass nach dem Schlaganfall von Johannes Brenz zum Überlaufen brachte ...

14 SAMSTAG, DER 4. OKTOBER 1636

Skelettfunde im Zusammenhang mit Kriegsereignissen sind uns am ehesten präsent, wenn wir an ausgedehnte Soldatenfriedhöfe zum Gedenken an die Gefallenen des Ersten und Zweiten Weltkriegs oder an die Arbeit der Kriegsgräberfürsorge denken. Aber auch weiter zurückliegende Auseinandersetzungen haben Spuren hinterlassen, die ein beredtes Bild soldatischen Leidens und Sterbens vermitteln, so zum Beispiel die Überreste von über sechzig Soldaten des napoleonischen Heeres, die auf dem Rückzug nach ihrer Niederlage bei Leipzig im Winter 1813/14 starben und in einem Massengrab in Kassel ihre letzte Ruhe fanden. DNA-Analysen ergaben, dass ein Teil von ihnen aus den heutigen Beneluxländern stammte. Ein weiteres Beispiel dieser Art ist das 2009 entdeckte Massengrab im Stralsunder Quartier Frankenhof, das etwa zwei Dutzend Skelette in vier Schichten barg. Die Männer dürften während der Belagerung der damals schwedischen Festung im Dezember 1715 zu Tode gekommen und verscharrt worden sein. Andere Massengräber, die sich mit bestimmten Schlachtereignissen in Verbindung bringen lassen, stammen unter anderem aus Leipheim (1525, 22 Individuen), Towton (Großbritannien, 1461, knapp 100 Individuen) oder Visby (Schweden, 1361, über 1000 Individuen). In der Regel werden dem zeittypischen Waffenarsenal entsprechende Verletzungsmuster sowie Teile der Ausrüstung, Bekleidung und Ähnliches gefunden, die eine eindeutige Datierung der Opfer ermöglichen.

Aus der Beschäftigung mit derartigen Zeugnissen der Vergangenheit hat sich in jüngerer Zeit eine eigene Sparte entwickelt, die Schlachtfeldarchäologie, ein Arbeitsfeld, in dem Interdisziplinarität besonders groß geschrieben wird. Neben Militärhistorikern, die sich mit dem Aufspüren und der Auswertung zeitgenössischer Bild- und Schriftquellen beschäftigen, arbeiten hier Uniform- und Waffenkundler, Anthropologen, Gerichtsmediziner, Paläogenetiker sowie eine Vielzahl anderer Spezialisten eng mit den Archäologen zusammen. Dabei stehen neben dem Gesundheitszustand, der Todesursache und der Herkunft der Gefallenen insbesondere die Rekonstruktion der damaligen Geländesituation, der Verlauf der Kampfhandlungen und der Umgang mit den Toten im Fokus der Untersuchungen.

Diese Geschichte widmet sich einem der spektakulärsten Funde des Genres: einem Massengrab aus dem Dreißigjährigen Krieg, zutage getreten bei Wittstock/Dosse in Brandenburg im Frühjahr 2007 – ein einzigartiges Zeugnis der Zeit, mit modernsten Methoden ausgegraben, dokumentiert und ausgewertet sowie aus einer Epoche stammend, die in manchen Regionen Deutschlands weit über fünfzig Prozent der Bevölkerung das Leben kostete.

Der Dreißigjährige Krieg – eine komplizierte Gemengelage

Als Auslöser für die drei Jahrzehnte währenden Auseinandersetzungen, die zu den verheerendsten Abschnitten der europäischen Geschichte gehören, gilt ein Ereignis vom März 1618, bei dem zwei Statthalter des Hauses Habsburg aus dem Fenster der Prager Burg geworfen wurden, obschon sie relativ unversehrt im Schlossgraben landeten. Einige protestantische Adelige des seit dem Augsburger Religionsfrieden katholischen Königreichs Böhmen hatten sich zu dieser Tat hinreißen lassen, nachdem der Bau neuer protestantischer Kirchen verboten worden war. Doch der bereits länger schwelende Widerstreit der Konfessionen im Heiligen Römischen Reich Deutscher Nation war eingebettet in überregionale Machtspiele, territoriale und politische Ambitionen, an denen letztlich alle europäischen Staaten beteiligt waren. Deutschland hatte dabei das Pech, Austragungsort der Kämpfe zu sein. So waren zuvor bereits Spanien und Holland in Streit geraten und Truppen von Italien aus Richtung Norden in Marsch gesetzt worden.

Nach der gewaltsamen Rekatholisierung Böhmens kommt die Sache richtig ins Rollen. Christian IV. von Dänemark versucht mit Unterstützung der Engländer und Holländer in Norddeutschland Fuß zu fassen, wird jedoch von Johann Graf von Tilly und Herzog Albrecht Wenzel Eusebius von Wallenstein, die beide in kaiserlichen Diensten stehen, 1626/27 zurückgeschlagen. Der Katholizismus scheint zu obsiegen. Doch die zentralistischen Bestrebungen Kaiser Ferdinands II. finden keine einhellige Zustimmung unter den Fürsten. Nach dem Frieden von Lübeck 1629 wird Wallenstein entlassen, doch ist man jetzt im Norden beunruhigt ob des zunehmenden kaiserlichen Einflusses im Ostseeraum. Im Juli 1630 landet Gustav II. Adolf von Schweden in Pommern. Sein rasanter Vormarsch veranlasst den Kaiser, den als eigenbrötlerisch und launig, jedoch als hervorragender Organisator geltenden Wallenstein erneut mit dem Oberbefehl über seine Truppen zu betrauen. Doch in der Schlacht bei Lützen im November 1632 unterliegen er und ein bayerisches Kontingent dem Schweden, der den Sieg allerdings – knapp 38-jährig – mit seinem Leben bezahlt. Bis heute kursiert der Verdacht, er sei von eigenen Leuten hinterrücks erschossen worden. Sein Kanzler Graf Oxenstierna operiert weiterhin zusammen mit den protestantischen Fürsten Süd- und Südwestdeutschlands, ihr Bündnis unterliegt dabei im September 1634 in der Schlacht bei Nördlingen. Mit dem Frieden von Prag einige Monate später scheint Ruhe einzukehren, doch nun erscheinen auf Anordnung Kardinal Richelieus die Franzosen auf dem Plan, die Schweden schon länger subventioniert hatten, um der drohenden Übermacht des Hauses Habsburg Einhalt zu gebieten.

Aber keine der beiden Seiten kann den Krieg endgültig für sich entscheiden. Militärischen Erfolgen der französischen und/oder schwedischen Einheiten – zum Beispiel bei der Eroberung Breisachs 1638 – stehen Siege der Bayern gegenüber – unter anderem in Tuttlingen im November 1643 durch General Johann von Werth. Ein Jahr später beginnen erneut Verhandlungen, aber es dauert noch bis zum 24. Oktober 1648, bis der Westfälische Friede in Münster und Osnabrück dem Schrecken ein Ende setzt.

Inzwischen sind die Ressourcen gänzlich erschöpft, Städte und Dörfer weithin verwüstet. Das Land ist völlig ausgeblutet, übersät von Versehrten und Toten. Durchziehende Söldnerheere und marodierende Soldateska jeglicher Couleur haben sich an der Bevölkerung schadlos gehalten, den Bauern nichts zum Leben gelassen, skrupellos Nahrung und Besitz abgepresst – und dabei nicht selten Krankheiten wie Ruhr, Fleckfieber und Typhus verbreitet. Klimabedingte Ernteausfälle infolge langer kalter Winter und verregneter kühler Sommer sowie eine Pestwelle Mitte der 1630er Jahre verschärfen die Situation zusätzlich. Die Not ist unermesslich, man spricht von Hungerkannibalismus.

Wer sich einen authentischen Eindruck von den Wirren dieser Zeit und den unsäglichen Lebensbedingungen der Menschen verschaffen möchte, dem sei die Lektüre des „Simplicius Simplicissimus" von Hans Jakob Christoffel von Grimmelshausen empfohlen. Der Autor lässt seinen Protagonisten unter anderem an der Schlacht bei Wittstock teilnehmen. Mindestens genauso aufschlussreich ist das erst 1993 in Berlin entdeckte Tagebuch des Söldners Peter Hagendorf, der in 25 Dienstjahren in ganz Europa an unzähligen Schlachten teilnahm.

Ein Massengrab in der Sandgrube

Obwohl viele Gefechtsorte bekannt sind, mehr als dreißig große Feldschlachten und zahllose Scharmützel zwischen den Kontrahenten stattfanden und eine ganze Generation lang Hunderttausende von Gefallenen und zivilen Opfern zu beklagen waren, sind Skelettreste aus der Zeit des Dreißigjährigen Krieges kaum zu finden. Das dürfte daran liegen, dass die meist ausgeplünderten Toten nicht systematisch und wenn überhaupt, dann in Massengräbern auf freiem Feld beerdigt wurden, die oberirdisch nicht gekennzeichnet waren. Erst kürzlich wurden bei Bauarbeiten südlich von Stralsund im Quartier Frankenhof in einem ehemaligen Laufgraben zufällig zwei Skelette von Landsknechten ausgegraben, die offenbar im Jahr 1628 zu Tode kamen und den dort erfolglosen Belagerungstruppen Wallensteins zuzuweisen sind. Man fand sie zusammen mit etlichen Blankwaffen, Musketen, Piken und Schanzwerkzeug – der ältere mit Verletzungen an den Armen und durch eine Pistolenkugel niedergestreckt, sein etwa zwanzigjähriger Kamerad mit einer Stichwunde im Rücken. Im Frühjahr 2008 kam bei Alerheim eine Sammelgrube mit Überresten von mehreren Dutzend Individuen zutage, die 1645 erst Monate nach der Schlacht beerdigt wurden, nachdem sie bereits in Verwesung übergegangen waren. Zuletzt konnte 2011 ein Sammelgrab aus der Schlacht bei Lützen geborgen werden, auf dessen Auswertung die Fachwelt mit Spannung wartet.

Die Entdeckung eines Massengrabes in einer Sandgrube südlich von Wittstock/Dosse im Jahr 2007 war eine absolute Sensation. Es steht im Zusammenhang mit der Schlacht, die dort am Nach-

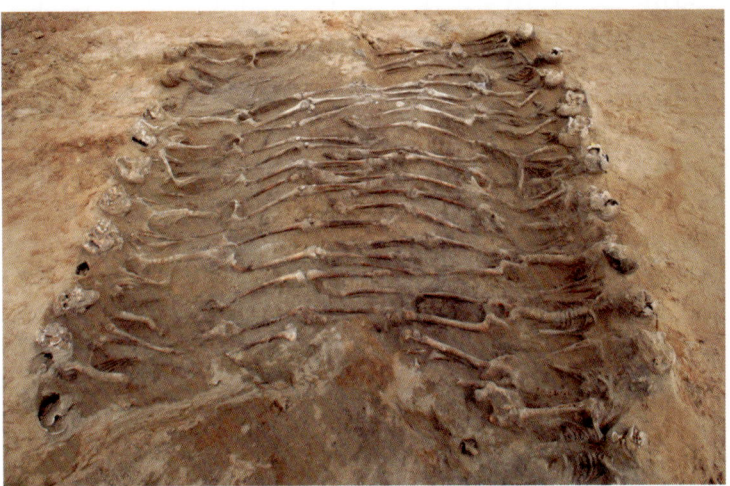

Wittstock/Dosse. In dem Massengrab aus dem Jahr 1636 waren ursprünglich über 120 Gefallene dicht an dicht, „in Reih' und Glied" beerdigt worden. Einen Teil der Skelette hat der Bagger zerstört.

mittag und Abend des 4. Oktober 1636 tobte und den Überlieferungen zufolge etwa tausend schwedischen Soldaten und rund
fünftausend Kämpfern sowie einer größeren Zahl von Angehörigen
des Trosses der Verbündeten – kaiserlichen und sächsischen Truppen – das Leben kostete.

Die in Ost-West-Richtung orientierte, ursprünglich mindestens
sechs Meter lange, dreieinhalb Meter breite und eineinhalb Meter
tiefe Grube wurde im Westteil durch den Bagger angerissen. Von
den schätzungsweise 125 Toten, die dort beerdigt worden waren,
ließen sich noch knapp neunzig in primärer Fundlage ansprechen.
Man hatte sie wohl nackt oder weitgehend unbekleidet sorgfältig
in vier Schichten in Reih und Glied neben- und übereinandergelegt, um den vorhandenen Raum so gut wie möglich auszunutzen.
Wie in sandigem Milieu zu erwarten, waren die Knochen nicht
besonders gut erhalten, doch zeichneten sich im hellen Untergrund
die Körperschatten der Toten ab. Dies und die dichte Lage der Knochen auf engstem Raum stellten für die federführende Archäologin
vom Brandenburgischen Landesamt für Denkmalpflege, Anja Grothe, eine ganz besondere Herausforderung dar. Jedes Skelett wurde dreidimensional eingemessen, hinsichtlich seiner Körperhaltung und eventueller Beifunde detailliert dokumentiert und von
der beteiligten Anthropologin Bettina Jungklaus noch in Fundlage
einer ersten Begutachtung unterzogen.

Aufgrund ihrer Totenhaltung dürften die meisten Soldaten,
nachdem sich die Totenstarre gelöst hatte, vermutlich 24 bis 48
Stunden nach dem Ende der Kämpfe bestattet worden sein. Die
spätere Untersuchung wies sie durchweg als Männer zwischen 17
und 40 Jahren mit einem Durchschnittsalter von 28 Jahren aus.
Musterrollen aus anderem Zusammenhang belegen, dass Rekru-
ten seinerzeit oft bereits mit zwanzig Jahren oder jünger in die
Armee eintraten – häufig nicht ganz freiwillig. Unter den gegebe-
nen Bedingungen war ihre Lebenserwartung gering. Die mittlere
Körpergröße der in Wittstock gefallenen Männer liegt bei etwa
1,70 Meter, der kleinste war 1,60 Meter, der größte ca. 1,82 Meter
groß.

Söldner aus aller Herren Länder – erschossen, erstochen und erschlagen

Die von Gisela Grupe am Biozentrum der Universität München an den Knochen und Zähnen durchgeführten Isotopenanalysen lieferten in mehreren Fällen konkrete Hinweise auf die Herkunft der Toten. Demnach sind in dem Massengrab unter anderem Söldner aus Nordspanien, Schottland, Südschweden, Finnland sowie dem Baltikum vertreten – Beleg dafür, wie heterogen die damaligen Heere zusammengesetzt waren. Allein aus Schottland sollen im Laufe des Dreißigjährigen Krieges 50 000 Freiwillige zum Kriegsdienst ausgerückt sein. Die übrigen Analysen deuten zwar auf den mitteleuropäischen Raum, können aber keiner bestimmten Region zugewiesen werden. In Bezug auf ihre Ernährung lässt sich ein im Verhältnis zur Normalbevölkerung höherer Anteil von tierischem Eiweiß erkennen. Anderen Quellen zufolge waren zur Versorgung von tausend Soldaten pro Tag über zweitausend Kilogramm Mehl und achtzig Schafe oder acht Rinder erforderlich. Mund- und Zahnhygiene spielten im Feld offensichtlich eine untergeordnete Rolle. Etwa die Hälfte der Wittstocker Toten hatte kariöse Zähne, knapp zwei Drittel dürften unter Zahnfleischentzündungen gelitten haben.

Unter den festgestellten Traumata dominieren solche, die auf Hieb- und Stichwaffen zurückzuführen sind – Degen, Reiteräxte und Hellebarden –, häufig im Bereich des Kopfes und größtenteils tödlich. Einige waren zwar nicht unmittelbar lebensbedrohlich, aber auf dem Schlachtfeld gab es keine zeitnahe medizinische Betreuung, und die Verwundeten starben meistens noch im Nachhinein an ihren in der Regel stark verunreinigten Wunden. Der Schädel eines 17- bis 20-jährigen Finnen weist allein ein halbes Dutzend Hiebdefekte auf, darunter einen, der bereits im Abheilen begriffen war, also offensichtlich aus einem nur wenige Wochen vorher stattgefundenen Gefecht stammte.

Daneben finden sich Skelette mit Spuren stumpfer Gewalt und eine größere Zahl von Söldnern mit Schussverletzungen. Zu Ers-

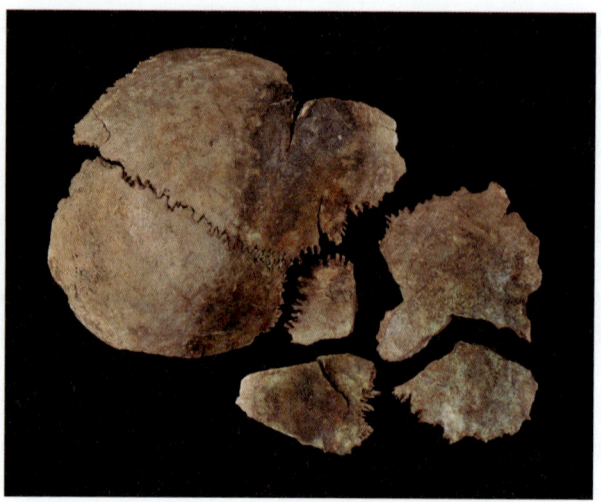

Wittstock/Dosse. Die großflächige stumpfe Schädelzerquetschung bei dem erst 21- bis 24-jährigen Mann ID Nr. 59 geht entweder auf Überfahrung mit einem schweren Gefährt oder vielleicht auch einen direkten Treffer mit einer Kanonenkugel zurück.

teren zählt der 21- bis 25-jährige Mann ID Nr. 59 mit komplett zertrümmertem und flachgedrücktem Schädel. Er ist möglicherweise von einer Kanonenkugel getroffen worden. Denkbar wäre auch, dass er bereits am Boden lag, als sein Kopf durch Überrollen mit einem schweren Gefährt zerdrückt wurde. Es konnten Durch- und Steckschüsse sowohl am Schädel als auch im Bereich der Schultern und Knie diagnostiziert werden, und bei 19 Toten fanden sich noch insgesamt 23 Projektile aus Weichblei. Eines der Geschosse zwischen den Schultern von ID Nr. 43 war bereits so stark zersetzt, dass es sehr wahrscheinlich von einer früheren Schussverletzung stammte, offenbar nicht entfernt worden war und im Laufe der Zeit allmählich vom Körper abgebaut wurde. Dem Kaliber nach wurden die meisten Projektile aus Reiterpistolen abgefeuert.

Der etwa dreißigjährige Schotte ID Nr. 33 wurde von insgesamt drei Projektilen getroffen: zweimal im Unterleib und mit dem dritten Schuss von hinten unterhalb des rechten Kniegelenks. Beson-

Wittstock/Dosse. Schienbeindurchschuss unterhalb der rechten Kniekehle. Der etwa dreißigjährige Schotte ID Nr. 33 wurde von hinten her mit einer kleinkalibrigen Reiterpistole beschossen. a) Einschusslücke; b) Ausschusslücke.

ders heftig attackiert wurde auch sein jüngerer Landsmann ID Nr. 71. Bei ihm fanden sich eine schwere, vermutlich von einer Hellebarde verursachte Hiebverletzung im rechten Schläfenbereich und ein Steckschuss in der rechten Schulter. Vermutlich bereits am Boden liegend, traf ihn dann noch ein massiver Schlag oder Tritt gegen das Kinn, und zuletzt versetzte man ihm einen tödlichen

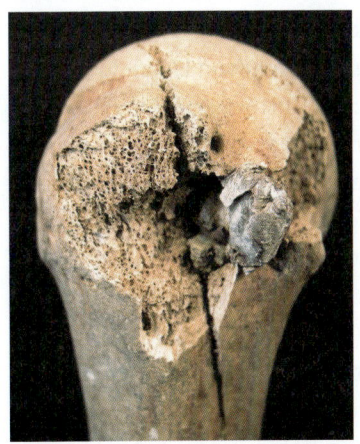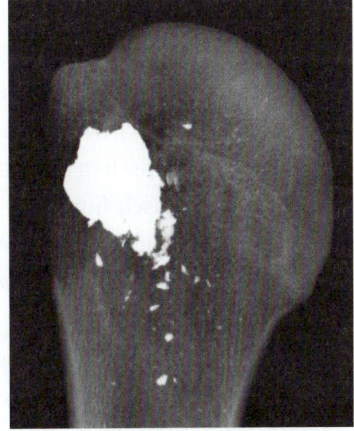

Wittstock/Dosse. a) Steckschuss im Gelenkkopf des rechten Oberarmknochens des Mannes ID Nr. 71 mit partieller Zertrümmerung und Absprengung von Knochenstücken; b) zugehörige Röntgenaufnahme: Das Projektil aus Weichblei – dem Kaliber nach einer Muskete zuzuordnen – ist beim Aufprall auf den Knochen in zahlreiche Partikel zersprungen.

Dolchstich in den Hals – möglicherweise einen Gnadenstoß, da
seine schweren Verwundungen ihm keine Überlebenschance ließen.

Daneben konnten eine Reihe verheilter Verletzungen oder Veränderungen diagnostiziert werden, die auf Kämpfe, starke körperliche Belastungen, Gewaltmärsche oder Ähnliches zurückzuführen
sind, sowie Verschleißerscheinungen schon bei jüngeren Soldaten
und ausgeprägte Muskelmarken, die vielleicht mit übermäßigen
Exerzierübungen in Verbindung stehen. Zwei Männer waren infolge früherer Verletzungen gehbehindert, der 25- bis 29-jährige
Schotte ID Nr. 45 konnte seine rechte Schulter nicht mehr bewegen, zwei seiner Kameraden weisen Symptome von Syphilis, ein
weiterer Anzeichen von Tuberkulose auf – alle waren weit entfernt
von einem unbeschwerten Landsknechtsleben.

Die Schlacht bei Wittstock/Dosse

Ein Industriegebiet und das Autobahnkreuz Wittstock/Dosse mar-
kieren heute den Ort, an dem am 4. Oktober 1636 zwei Armeen
aufeinandertrafen: das sächsisch-kaiserliche Heer unter dem Ober-
kommando von Feldmarschall Graf Melchior von Hatzfeld und seinem Bündnispartner, dem sächsischen Kurfürsten Johann Georg I.,
sowie das schwedische Heer unter Feldmarschall Johan Banér zusammen mit schottischen Einheiten, angeführt von Generalleutnant
King, und schwedisch-finnischen Kontingenten unter Generaloberst
Stalhans. Banér und King hielten zwar nicht viel voneinander, doch
hatte Letzterer mit seinen Truppen schließlich maßgeblichen Anteil
am Sieg der Schweden.

Die Ausgangslage der Schlacht versprach den Verbündeten einen strategischen Vorteil: Sie waren bereits einige Tage zuvor am
Kampfplatz eingetroffen und hatten sich auf dem Scharfen- und
Weinberg positioniert, einer kleinen Hügelkette am Westrand des
breiten Flusstals der Dosse. Etwa 25 Meter über der Niederung gelegen, waren dort – nach Süden, Südosten und Osten gerichtet –
Schanzen mit Wällen und hölzernen Schutzwänden angelegt und

nicht weniger als vierzig Geschütze in Stellung gebracht worden. Derart gesichert sahen die Truppen dem gegnerischen Angriff entgegen. Die Schweden erreichten erst am Vortag der Kämpfe den Flussübergang etwa zehn Kilometer südlich von Wittstock, setzten am Vormittag des 4. Oktober über und formierten sich umgehend zur Schlacht. Die Einheiten von King und Stalhans blieben vorerst noch außer Sichtweite der kaiserlichen Truppen.

Banér rückte vor, warf seine Hauptstreitmacht gegen den sächsischen Flügel der Verbündeten. Dabei ritt die schwedische Kavallerie mehrmals mit voller Wucht gegen die feindlichen Stellungen an. Hatzfeld sah sich gezwungen, sein Kontingent zum Entsatz der Sachsen zu schicken, doch Position und Strategie der Kaiserlichen schienen sich auszuzahlen. Bis zum späteren Nachmittag konnten die Schweden keine nennenswerten Erfolge verbuchen. In dieser Phase kamen die schottischen und schwedisch-finnischen Regimenter zum Einsatz. Sie waren unbemerkt vorgestoßen und griffen die ungeschützte rechte Flanke der Verbündeten an. Dieses Manöver brachte die entscheidende Wende: Die schweren Kanonen konnten nicht umgesetzt und die Aufstellung der einzelnen Verbände konnte nicht rasch genug der neuen Situation entsprechend ausgerichtet werden. Doch die hereinbrechende Dunkelheit zwang beide Seiten, die Kampfhandlungen abzubrechen – keine der Konfliktparteien wusste dabei so recht, wie es ausgegangen war.

Die kaiserlich-sächsischen Generäle fassten daraufhin den Entschluss, sich mit ihren verbliebenen Brigaden in westlicher Richtung abzusetzen. Der Rückzug geriet jedoch aus den Fugen. Die panikartig fliehenden Soldaten und ihr Tross ließen einen großen Teil ihrer Waffen und Vorräte zurück und wurden von den nachsetzenden Schweden schonungslos niedergemacht. Berichten zufolge fielen diesem Gemetzel mehr Menschen zum Opfer als den vorangegangenen Kampfhandlungen.

Am Folgetag befiehlt Banér die Räumung des Schlachtfelds. Die Gefallenen dürfen geplündert und sollen anschließend beerdigt werden. Offiziere sind auszusondern und bei der Kirche in Wittstock zu bestatten. Im Rahmen dieser Arbeiten wird das Massen-

Wittstock/Dosse. Ausschnitt aus der Karte eines anonymen Schlachtteil-
nehmers. Mit N und P sind die Kommandeure Banér und Leslie bezeichnet.
Die Kreismarkierung weist auf die Lage des Massengrabs hin.

grab – in Anbetracht der vielen Toten wohl nur eines von mehreren – am nordöstlichen Rand des umkämpften Geländes angelegt.
In diesem Bereich hatte der rechte Flügel der Schweden unter
Thorstensen und Banér die sächsischen Bataillone attackiert. Die
Pistolenkugeln, die bei den Opfern gefunden wurden, und die re-
gionalen Bezüge sprechen dafür, dass in dem Areal unter anderem
schottische Infanteristen von kaiserlicher Kavallerie getötet wurden. Da die Gefallenen all ihrer Habe beraubt und ehemalige Gegner nicht mehr als solche erkennbar waren, dürften in der Grube
Freund und Feind nebeneinanderliegen.

Im Nachklang zur Untersuchung des Sammelgrabes fanden
inzwischen mehrfach systematische Geländebegehungen im größeren Umkreis statt. Die Hauptmasse der rund zweitausend Me-
tallfunde bilden Bleikugeln von Handfeuerwaffen, einige davon
waren noch nicht abgefeuert worden. Dazu kommen Artillerie-
geschosse und Bestandteile von Kartätschenmunition, Letztere
unter anderem aufgrund ihrer Streuwirkung auf kurze Distanz sehr
wirkungsvoll. Zudem wurden Bekleidungsteile wie Knöpfe und
Kleiderhaken, Schuhschnallen und Besatzstücke, aber auch kleinere Gegenstände des täglichen Bedarfs wie ein silberner Löffel-
stiel oder zwei kleine Zapfhähne aus Buntmetall entdeckt – Stücke,
die im Kampf oder bei der Plünderung abrissen und verlorengingen

oder aus dem Tross stammen. Die Kartierung dieser Objekte lässt mit Sicherheit weitere interessante Erkenntnisse zum Schlachtverlauf, das heißt auch zur Lokalisierung einzelner Truppenverbände während und nach dem Kampf erwarten.

Exkurs: Mittelalterliche Waffen im Laborversuch

Basierend auf der Dokumentation von 106 Kalvarien von Gefallenen aus der Schlacht von Dornach am 22. Juli 1499 wurden vor kurzem Experimente mit originalgetreu nachgeschmiedeten Waffenteilen veröffentlicht. Es war die Entscheidungsschlacht des sogenannten Schwaben- oder Schweizerkrieges, in deren Verlauf von rund 20 000 Teilnehmern etwa ein Viertel zu Tode kam. Mit 13 verschiedenen den im Kampf verwendeten Schwertern, Hellebarden, Langspießen und Armbrustbolzen entsprechenden Klingen- und Spitzenvarianten wurden Verletzungen simuliert. Als Dummies dienten dabei in der Rechtsmedizin gängige, mit Gelatine gefüllte Kunstköpfe aus dreilagigem Polyurethan mit einem Durchmesser von 195 Millimetern und einer Wandungsstärke von sechs Millimetern. Eine Plastilinschicht ersetzte Kopfhaut und Kopfschwarte, eine einen Millimeter starke, innen mit Leder ausgekleidete Metallschüssel aus dem Küchenbedarf den Helm.

Mittels einer Fallprüfeinrichtung, bei der Parameter wie Auftreffwinkel und kinetische Energie reproduzierbar eingestellt und gemessen werden können, ließen sich die an den Originalschädeln vorgefundenen Traumata experimentell nachvollziehen. Es zeigte sich jedoch, dass anhand der erzeugten Defekte nicht immer eine eindeutige Zuordnung zu bestimmten Waffen möglich ist. Bei punktuellen Einwirkungen waren einzelne Profile von Stoßspitzen und Reißhaken der Hellebarden, Stichverletzungen durch Langspieße oder Schussverletzungen durch Armbrustbolzen kaum voneinander zu unterscheiden.

 15 HINRICHTUNGEN – MASSENSPEKTAKEL DES AUSGEHENDEN MITTELALTERS

Die ältesten Gesetzestexte, sogenannte *Leges*, kennen wir von den alten Germanen. Sie gehen auf das 7. und 8. Jahrhundert zurück und nennen sich zum Beispiel „Lex Baiuvarorum" oder „Pactus Legis Alamannorum". Auch Langobarden, Westgoten oder Burgunder hatten eigene Regelwerke. Darin finden sich ebenso Aspekte der Abschreckung von Böswilligen wie der konkreten Wiedergutmachung – Letztere zum Beispiel in Form von sogenanntem Wergeld, einer festgelegten Summe, die vom Täter und seiner Familie als Sühne an die Sippe des Erschlagenen zu zahlen war, um deren Blutrache zu entgehen. In dieselbe Richtung zielten Bußen, die der Schädiger entsprechend den betroffenen Körperteilen, bleibenden Entstellungen oder Funktionseinschränkungen an den Verletzten zu entrichten hatte. Sie waren abgestuft nach Beruf und sozialer Stellung des Betroffenen, bei Schädelfrakturen auch nach Anzahl und Größe der Knochensplitter, ob das Gehirn hervortrat oder nicht und ähnlichen Kriterien. Beim Verlust eines Fingers mussten zum Beispiel Daumen und Zeigefinder der Haupthand mit einer deutlich höheren Summe entschädigt werden als die übrigen Finger, bei Ärzten der Mittelfinger, der als längster für Tastuntersuchungen unabdingbar war.

Die bedeutsamste Rechtsaufzeichnung, der „Sachsenspiegel", stammt aus der Feder des Ritters Eike von Repgow aus den 1230er

Jahren. Dieses Werk war mit Miniaturen versehen und behandelt alle denkbaren Lebensbereiche: das Verhältnis zur Obrigkeit, die Durchführung von Gerichtsverfahren, Ansprüche bei Kauf, Haftung und Verjährung oder Ehe- und Erbschaftsangelegenheiten. Darauf basierten später der „Schwabenspiegel" (um 1479), im 16. Jahrhundert unter anderem die „Brandenburgische Halsgerichtsordnung" oder die „Peinliche Gerichtsordnung" Kaiser Karls V. wie auch die von Kaiserin Maria Theresia erlassene „Constitutio Criminalis Theresiana" in der zweiten Hälfte des 18. Jahrhunderts. Über die dort im Detail beschriebenen Folterwerkzeuge mag sich der geneigte Leser in der entsprechenden Fachliteratur kundig machen.

Ein Spezifikum der frühen Gesetzestexte ist das Gottesurteil, bekannt auch unter dem Begriff *Ordal* (lat. *ordalium*). Bei den Germanen handelte es sich um einen Schwur oder Zweikampf zur Wiederherstellung der Ordnung, oder eine höhere Macht – ein Gott – entscheidet über einen bestimmten Sachverhalt mittels der Elemente, das heißt Feuer- oder Wasserproben verschiedenster Art. Im 13. und 14. Jahrhundert wurden Gottesurteile kaum noch vollzogen. Eines der letzten war der gerichtlich angeordnete Zweikampf zwischen den Adeligen Jean de Carrouges und Jacques Le Gris in Paris im Dezember 1386, dem sogar der König von Frankreich persönlich beiwohnte. Le Gris wurde beschuldigt, de Carrouges' Gemahlin Marguerite vergewaltigt zu haben, was er bestritt. So war es eine Frage der Ehre – einer von beiden musste mit seinem Leben bezahlen. Der Ausgang des Kampfes war indessen nicht ohne Risiko für die mutmaßlich geschändete Dame: Bei einer Niederlage ihres Gatten müsste sie wegen Meineids auf dem Scheiterhaufen sterben ... Im Rahmen der Hexenprozesse des 16. und 17. Jahrhunderts lebten die Gottesurteile dann bekanntermaßen wieder auf.

Unter den Hinrichtungsarten des Mittelalters wie Enthaupten, Rädern, Ertränken, Verbrennen, Sieden, lebendig Begraben und Vierteilen zählt das Erhängen zu den mit Abstand am häufigsten ausgeführten. In Fällen, in denen der Täter gleich mehrerer mit

dem Tode zu ahndender Vergehen für schuldig befunden worden
war, wurden diese Strafen auch kumuliert, das heißt, der Delinquent zum Beispiel erst gehenkt, dann geviertelt und anschließend verbrannt.

„... er werde am Halse aufgehängt, bis daß der Todt eintritt"

Einen solchen oder ähnlichen Urteilsspruch vernahmen noch bis
vor wenig mehr als zweihundert Jahren die meisten Angeklagten,
die man des Diebstahls überführt hatte. Dieselbe Strafe wurde für
„wiederholte Beutel- und Säckelschneiderei", gegen Münzfälscher,
Mordbrenner und bisweilen auch für Blutschande oder Landesver-
rat verhängt. Dabei betraf der Tod am Galgen fast ausschließlich
Männer – Frauen endeten nur selten dort. Und wenn, dann war
das besonderer Erwähnung wert, wie eine entsprechende Notiz
des Nürnberger Scharfrichters Franz Schmidt aus dem Jahr 1584
zeigt. Hängen galt im Vergleich zum Enthaupten als schändlich
und unehrenhaft. Es traf meist Missetäter aus unteren Schichten
und Fremde. Manchmal wurden die Delinquenten beim Gang zur
Richtstätte zusätzlich mit glühenden Zangen oder Ähnlichem ge-
quält, und ein wesentlicher Aspekt der Strafe war, dass die Gehenkten so lange am Galgen zu hängen hatten, bis sie verfaulten und
in Teilstücken herabfielen oder bis der Strick vermoderte und riss.
Das konnte sich über mehrere Jahre hinziehen, wobei die verwe-
senden Körper der Bevölkerung als Mahnung und vorbeiziehenden
Fremden zur Abschreckung dienen sollten. Da die Richtplätze bevorzugt auf Hügeln oder unweit von Hauptverkehrswegen errichtet waren, wusste jeder Passant sogleich, was ihm im Falle einer
Gesetzesübertretung drohte.

   Hinrichtungen aller Art wurden in der Regel öffentlich vollzogen und hatten oftmals den Charakter eines Volksfestes, zu dem
sich je nach Bekanntheitsgrad des Verurteilten unter Umständen
Zehntausende von Schaulustigen versammelten. In Gegenden, in
denen eine derartige Veranstaltung nur selten geboten wurde, sollen sich Nachbarorte die Durchführung von Hinrichtungen sogar

gegenseitig abgekauft haben. Dabei schwanken die Angaben über deren Häufigkeit je nach Ort und Beobachtungszeitraum zwischen weniger als einer bis zu einem Dutzend oder mehr Exekutionen pro Jahr. Im Zuge der Hexenverfolgung wurden diese Zahlen mancherorts um ein Vielfaches übertroffen. Allein im Jahr 1611 fielen in Ellwangen an der Jagst über einhundert Menschen dem Hexenwahn zum Opfer. Bamberg, Würzburg und Eichstätt waren ähnlich berüchtigt.

Zum Erhängen eignet sich im Prinzip jeder größere Baum. Die Errichtung spezieller Anlagen, die wir Galgen nennen, geht auf eine Anordnung Kaiser Karls des Großen zurück. Dabei hat der einfache Knie- oder Schnabelgalgen den Nachteil, dass er nur Platz für einen Verurteilten bietet. So wurden zweibeinige Konstruktionen oder – wie zeitgenössische Darstellungen noch häu-

St. Gallen. Hinrichtungsplatz mit „dreistempeligem" Galgen auf gemauerten Pfeilern. Luzerner Chronik des D. Schilling 1513.

figer zeigen – „dreistempelige" Galgen entwickelt, zum Teil mit gemauerten Säulen oder Pfeilern, an denen je nach Seitenlänge bis zu zwölf oder mehr Missetäter gleichzeitig aufgeknüpft werden konnten.

Als Stricke wurden bevorzugt Hanfseile verwendet, die aufgrund ihrer guten Reißfestigkeit und geringen Dehnung auch heute noch im Gerüstbau vorkommen. Da sich eine Kette aufgrund ihrer starren Einzelglieder nicht umlaufend zusammenzieht, konnte damit der Todeskampf des Verurteilten gezielt verlängert werden.

Woran stirbt der Erhängte eigentlich?

Wenn der Delinquent Glück hat, an plötzlichem Herzstillstand, indem der Vagusnerv gezerrt oder Druck auf eine bestimmte Stelle der Halsschlagader ausgeübt wird. Aus dem Blickwinkel des Gerichtsmediziners ist Erhängen eine Art der Strangulation. Die Kompression des Halses durch ein Strangwerkzeug geschieht passiv durch das eigene Körpergewicht. Dabei werden die großen Blutgefäße abgedrückt, und die Versorgung des Gehirns mit sauerstoffhaltigem Blut wird unterbrochen. Nach wenigen Sekunden tritt Bewusstlosigkeit ein, es kommt zu Krämpfen, nach etwa fünf Minuten zum Atem- und spätestens nach einer Viertelstunde zum Herzstillstand. Durch die Verschiebung des Zungengrundes nach hinten oben wird zudem die Luftröhre komprimiert, was zum Verschluss der Atemwege führt. Frakturen des Kehlkopfknorpels oder des Zungenbeins gehören entgegen der allgemeinen Vorstellung nicht zwangsläufig dazu, was mehr noch für Brüche im Bereich der Halswirbelsäule gilt. Die sogenannte *Hangman's fracture* ist sogar ziemlich selten und tritt am ehesten durch freien Fall in den Strang auf, zum Beispiel bei dem in Großbritannien bis zur Abschaffung der Todesstrafe üblichen *long drop* durch eine Falltür im Boden. Dabei kann es auch zum Zerreißen des verlängerten Rückenmarks oder eines Astes der Schlüsselbeinarterie kommen, die zum Kleinhirn führt. Bei sehr großer Fallhöhe kann sogar der ganze Kopf abreißen. In manchen Fällen bricht ein Teilstück des zwei-

ten Halswirbels, der sogenannte *Dens axis*, ab und bohrt sich ins
Rückenmark.

Richtstätte und Wasenplatz des Standes Luzern

Nicht dass es in der Schweiz mehr Hochgerichte gegeben hätte als
anderswo, aber der zwischen 1987 und 1989 in mehreren Gra-
bungskampagnen umfänglich erforschte Richt- und Wasenplatz
von Emmenbrücke gilt bis heute als eine der am besten dokumen-
tierten Einrichtungen dieser Art. Am Zusammenfluss von Kleiner
Emme und Reuß nordwestlich von Luzern gelegen, war die im

Emmenbrücke. Auf dem Ausgrabungsfoto der Richtstätte des Standes
Luzern aus dem Jahr 1987 sieht man das Fundament des „dreischläfrigen"
Galgens sowie zahlreiche Skelettreste innerhalb und außerhalb davon.

Grundriss rechteckige, rund zweitausend Quadratmeter große Anlage über 230 Jahre bis 1798 in Betrieb. Eine ziegelgedeckte Umfassungsmauer schützte gleichermaßen vor Hochwasser wie vor streunenden Hunden und anderen ungebetenen Gästen. Innerhalb des Areals fand sich zeitgenössischen Abbildungen entsprechend ein „dreischläfriger" Galgen mit einer Seitenlänge von etwa 9,50 Meter, dessen Eckpfeiler im unteren Teil durch Zwischenmauern verbunden waren. Der Zugang erfolgte vermutlich von der Nordwestseite. Daneben stand, in der Westecke an die Außenmauer angebaut, ein ca. fünfzig Quadratmeter großes Gebäude zur Aufbewahrung diverser Gerätschaften des Scharfrichters und seiner Helfer. Unweit davon fanden sich ein Sodbrunnen sowie Spuren eines in den Boden eingelassenen Wasserbottichs und östlich des Galgens ein Brandplatz, dessen schwarze Erde noch in den ersten Jahrzehnten des 20. Jahrhunderts beim Pflügen zum Vorschein gekommen sein soll. Die Schriftquellen weisen mehr als ein halbes Dutzend Renovierungstermine an der Einrichtung aus, bevor der baufällige Galgen auf Ratsbeschluss Anfang der 1830er Jahre abgerissen wurde.

Im Inneren und in der unmittelbaren Umgebung des Galgendreiecks entdeckten die Ausgräber Skelettreste von 45 Personen, vielfach in Bauchlage vergraben, um die vermeintlichen Wiedergänger daran zu hindern, als lebende Tote ihr Unwesen zu treiben. Über die gesamte eingehegte Fläche verteilt kam zudem eine große Zahl von Gruben mit Überresten von Tierkadavern zutage, denn die Luzerner Scharfrichter hatten gleichzeitig die Funktion des Wasenmeisters inne und waren als Abdecker für die Entsorgung von Tierkörpern zuständig. Es fanden sich rund sechshundert Tiere, mehrheitlich in Teilstücken – vorwiegend Pferde und Hunde, daneben Rinder und Schweine sowie wenige andere Haustiere. Weit über vierhundert Kilogramm Brandknochen belegen, dass ein größerer Teil davon verbrannt wurde – eigentlich eine Verschwendung, aber der Verzehr von Pferde- und Hundefleisch galt als Tabu. Die Herstellung von Salben, Pulvern oder anderen Heilmitteln aus Tierfett und die Gewinnung von Tierhäuten brachten dem Scharfrichter einen zusätzlichen Nebenverdienst.

In ungeweihter Erde vergraben

In den Akten wird der Richtplatz von Emmenbrücke 125 Mal explizit als Exekutionsort genannt, darunter für 59 Männer, von denen 21 nachweislich auch dort vergraben werden sollten. Mindestens 31 Männer sind erhängt worden, neun davon in Kombination mit einer oder zwei anderen Strafen. Die Frauen wurden größtenteils als Hexen verbrannt. Im Untersuchungszeitraum 1551–1798 wurden in Luzern 711 Menschen zum Tode verurteilt, 124 davon (107 Männer und 17 Frauen) mit dem Strang hingerichtet, eine größere Zahl enthauptet. Dazu kommen 38 Selbstmörder/innen (31 Männer und 7 Frauen), denen ebenfalls eine Bestattung in geweihter Friedhofserde verwehrt war; die meisten von ihnen hatten sich erhängt. Die jüngsten Hinrichtungsopfer sind ein 13-jähriger Knabe, der wegen Diebstahls verurteilt wurde, und fünf noch jüngere Mädchen – das jüngste, gerade einmal acht Jahre alt, 1664 unter Scharfrichter Baltz Mengis als Hexe zu Tode gebracht. Zehn desselben Verbrechens schuldig gesprochene Frauen waren über achtzig Jahre alt.

Da die vorgefundenen Skelette mehr oder weniger vollständig überliefert sind, war es in Emmenbrücke offenkundig üblich, die Körper der Gehenkten nicht länger am Galgen hängen und verfaulen zu lassen – eine Art Gnadenerweis. Bekleidungsbestandteile wie Knöpfe und Gewandhäkchen sowie vereinzelte persönliche Gegenstände zeigen, dass die Scharfrichter hier auch ihren Anspruch auf die Habe der Verurteilten nicht immer geltend gemacht haben. Bei einigen Skeletten belegen dislozierte Halswirbel oder größere Zwischenwirbelräume, dass es sich tatsächlich um Erhängte handelt. Andere zeigen hochgezogene Schultern, nachdem sie offensichtlich mittels eines Stricks unter den Achseln zum Ort ihrer Verlochung geschleift worden waren. Der 25- bis 30-jährige Mann Nr. 26 war mit nach hinten gefesselten Händen und Füßen verscharrt worden. Bemerkenswert ist weiterhin der Nachweis von Spuren, die auf vorhergegangene Folterungen schließen lassen. Dass man der jungen Frau Nr. 25 beide Füße abgehackt hat, könnte auch damit zu erklären sein, dass ihr Leichnam sonst nicht in die Grube gepasst hätte. Die Henkersknechte gingen üblicherweise nicht besonders pietätvoll mit den Toten um.

Einzelne Opfer identifiziert

In acht Fällen gelang es dem zuständigen Anthropologen Hansueli F. Etter anhand der schriftlichen Überlieferung, vergleichbarer Verletzungsmuster sowie der Alters- und Geschlechtsdiagnosen bestimmter Skelette die Identifizierung einzelner Delinquenten wahrscheinlich zu machen. So dürften die Knochenreste des innerhalb des Galgens in Bauchlage und ohne Kopf angetroffenen weiblichen Individuums Nr. 51 wohl Maria Remmler zuzuschreiben sein, die am 16. Dezember 1638 hingerichtet wurde. Ihr war wegen Gattenmordes vor der Enthauptung die rechte Hand abgeschlagen worden.

Nicht weit von ihr entfernt lag der sechzig- bis siebzigjährige Mann Nr. 17 zusammen mit zwei Hunden begraben. Dabei handelt es sich wohl um Hans Adam Mangold, der sich im Januar 1740 im nahe gelegenen Wald erhängt hatte und dessen Leichnam man danach zur Abschreckung an den Füßen hängend am Galgen präsentierte. Die gemeinsame Zurschaustellung mit den Hunden sollte die Verwerflichkeit seiner Selbstentleibung unterstreichen.

Manches Detail der Untersuchungen wirft ein besonderes Licht auf die harten Lebensbedingungen der damaligen Zeit, so zum Beispiel der kaum über 1,54 Meter große spätmature Mann Nr. 3, der infolge rachitisch deformierter Unterschenkel stark gehbehindert war, oder der nur wenig ältere Mann Nr. 48, der linksseitig unter einer massiven Hüftgelenkarthrose litt.

Indirekte Spuren des Hängens

In den letzten Jahren wurden in Baden-Württemberg zwei Skelettserien untersucht, die im Zusammenhang mit Galgenstandorten
aus dem 17. und 18. Jahrhundert stehen. Sie machen deutlich, wie
wichtig es ist, genau hinzusehen, um zu erkennen, was seinerzeit
geschah. In Ellwangen an der Jagst fanden sich bei mindestens fünf
Männern und Frauen Schnittspuren am Schädel, am Schlüsselbein
oder an den oberen Rippen, die hinsichtlich ihrer Lage und Ausrichtung nur dadurch zu erklären sind, dass man beim Abschnei-
den der Leichname die Halsschlinge des Strangs mit einem Messer
durchtrennte, wobei die genannten Regionen verletzt wurden. Aus
Schwäbisch Gmünd sind unter anderem zwei männliche Skelette
überliefert, deren Schädel im oberen Hinterkopfbereich Schnitt-
bzw. Hiebkerben aufweisen, die auf den ersten Blick als Fehlschlä-
ge beim Enthaupten gedeutet werden könnten. Die Läsionen liegen
jedoch relativ weit von der Schädelbasis entfernt, der Schnitt/Hieb
erfolgte nicht horizontal zur Körperlängsachse, sondern von schräg

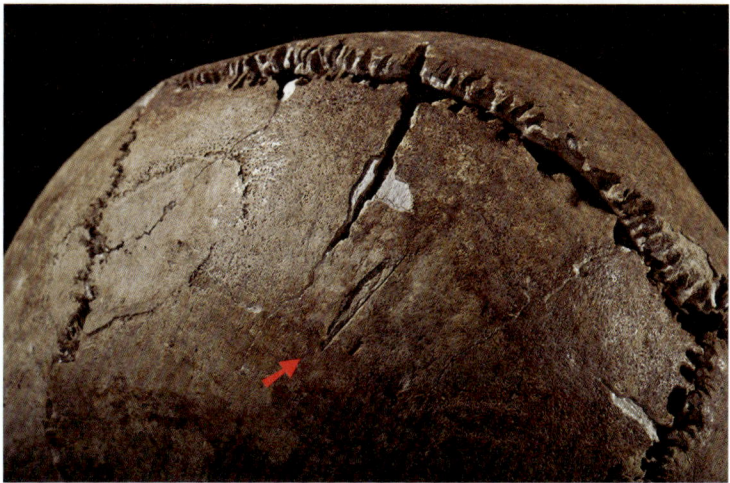

Schwäbisch Gmünd. Der Hiebdefekt am linken Scheitelbein des jungen
Mannes Ind. 9 aus der Flur „Remswasen" ist beim Abnehmen des Gehenkten vom Galgen entstanden. Daneben eine verheilte alte Kopfverletzung.

hinten oben, und die Halswirbel der Betroffenen zeigen keinerlei Defekte – der Scharfrichter hätte auf jeden Fall versucht, sein Werk korrekt zu Ende zu bringen. Die vorgefundenen Läsionen sind demnach eher darauf zurückzuführen, dass die Gehenkten vom Galgen genommen wurden, indem man den Strick oberhalb des Laufknotens kappte. Da der Strick aufgrund des Gewichts des Toten unter großer Spannung stand, musste mit gehöriger Wucht zugeschlagen werden. Es verwundert also nicht, wenn dabei auch der Hinterkopf des Leichnams getroffen wird. In Ellwangen und Schwäbisch Gmünd wurden die Körper der Verurteilten demnach in unterschiedlicher Art und Weise vom Strang geschnitten. Folgerichtig könnte vielleicht auch manche andere Spur scharfer Gewalt im Kopf-Schulter-Bereich, die in der Literatur als verunglückter Dekapitierungsversuch gedeutet wird, eher als Indiz für Erhängen gewertet werden.

Und noch ein Detail zur damaligen Vorgehensweise: Die Gmünder Schriftquellen erwähnen, dass einzelne Verurteilte vor ihrer Hinrichtung mittels „einiger Flaschen Malvasier ruhig gestellt" wurden – eines schweren, in seiner Wirkung nicht zu unterschätzenden Weins, dem bekannten Madeira vergleichbar.

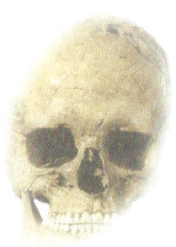

GLOSSAR

Abkappung	flächige Abtragung infolge scharfer Gewalt
absetzen	abschneiden, abtrennen: Ausdruck aus der Jäger- sprache
Altersatrophie	altersbedingter Abbau von Knochen- und Muskel- masse
arthrotisch	von Arthrose befallen
bideltoidal	im Bereich des *Musculus deltoideus* gemessene Schulterbreite
Bleiexposition	dem Element Blei ausgesetzt sein
Bruchterrasse	partiell eingebrochener Anteil des Knochens
Defäkation	Stuhlentleerung
Differentialdiagnose	Unterscheidung von Krankheiten mit ähnlicher Symptomatik
disloziert	verlagert
dreischläfriger Galgen	Galgen mit dem Grundriss eines gleichschenkligen Dreiecks
Dummy	Attrappe
Endokannibalismus	Verspeisen der Verstorbenen der eigenen Lebens- gemeinschaft
epigenetisch	anatomische Variante auf der Grundlage genetischer Anlagen
Exogamie	Heirat außerhalb des eigenen Sozialverbandes
Exokannibalismus	Verspeisen von Getöteten einer fremden/feindlichen Gruppe
Haplotyp	Variante einer bestimmten Sequenz im Erbgut
Hirschgrandeln	Eckzähne aus dem Oberkiefer von Hirschen
Hyperostose	Knochenwucherung, -verdickung
Impressionsfraktur	nicht perforierender Knochenbruch; Eindrückungs- fraktur
intravital	zu Lebzeiten
intramural	innerhalb der Stadt(mauer)
Kalvarium	Schädel ohne Unterkiefer

Kollagenfasern	Fasern des Körpereiweißes
Koprolithen	fossilisierte Exkremente
Lochfraktur	Lochbruch; Perforation infolge äußerer Gewalteinwirkung
Mauerrollierung	untere (Stein)Lage im Fundament
Mazeration	Entfernung von Weichgewebe und organischen Anteilen
Mennige	bleihaltige Schutzfarbe
paläogenetisch	Genanalyse an fossilen/prähistorischen Knochen oder anderen Geweben
Patrilokalität	Heiratsmigration der Frau zum Wohnsitz des Schwiegervaters
penetrierend	eindringend
Prämolar	Vorbackenzahn
proximal	Richtungsbezeichnung: zur Körpermitte hin
Rachitis	Vitamin-D-Mangelkrankheit
spätmatur	Bezeichnung für die Altersgruppe der Fünfzig- bis Sechzigjährigen
spongiös	abgeleitet von Spongiosa: schwammähnliche Knochenstruktur
Stauchungsfraktur	durch Kompression hervorgerufener Knochenbruch
Strontiumisotope	Atome des Elements Strontium mit unterschiedlicher Neutronenzahl
Subadulte	Sammelbezeichnung für Kinder und Jugendliche
Subsistenzkrise	Versorgungsengpass
Technokomplex	einer bestimmten Kulturgruppe zuzuordnendes Geräteensemble
Trepanation	Operation am Kopf/Schädel
Vagusnerv	wichtiger Nerv des vegetativen Nervensystems
verlochen	ohne jegliches Zeremoniell vergraben, beseitigen
verrundet	durch äußere Einflüsse eine rundliche Kontur annehmend
Zahnkronenabrasion	Abnutzung der Kaufläche an den Zähnen
zerwirken	in Teilstücke zerschneiden: Ausdruck aus der Jägersprache

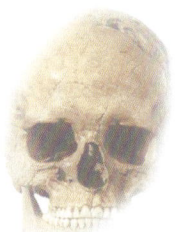

WEITERFÜHRENDE LITERATUR

Was ist Anthropologie?

P. Gostner, P. Perntner, G. Bonatti, A Graefen & A. Zink, New radiological insights into the life and death of the Tyrolean Iceman. Journal of Archaeological Science 38, 2011, 3425–31.

G. Grupe et al., Anthropologie – Einführendes Lehrbuch. 2. Aufl., Berlin/Heidelberg 2012.

R. Höcker, Lexikon der Rechtsirrtümer. 3. Aufl., Berlin 2004.

J. Wahl, Karies, Kampf und Schädelkult. Materialhefte zur Archäologie in Württemberg und Hohenzollern 79. Stuttgart 2007.

1 Zwei Höhlen – ein Geheimnis

S. M. Bello, S. A. Parfitt & C. B. Stringer, Earliest Directly Dated Human Skull-Cups. PLoS ONE 6(2), 2011: e17026. www.plosone.org

F. J. Gietz, Spätes Jungpaläolithikum und Mesolithikum in der Burghöhle Dietfurt. Materialhefte zur Archäologie in Baden-Württemberg 60. Stuttgart 2001.

S. Homes Hogue, Determination of Warfare and Interpersonal Conflict in the Protohistoric Period: A Case Study from Mississippi. International Journal of Osteoarchaeology 16, 2006, 236–48.

T. R. Pickering & B. Hensley-Marschand, Cutmarks and hominid handeness. Journal of Archaeological Science 35, 2008, 310–15.

W. Taute, B. Gehlen & M. Claus, Archäologische Untersuchungen 1990 und 1991 in der Burghöhle Dietfurt an der oberen Donau, Gemeinde Inzigkofen-Vilsingen, Kreis Sigmaringen. Archäologische Ausgrabungen in Baden-Württemberg 1991. Stuttgart 1992, 25–32.

2 Ein ganz spezielles Opferritual

D. W. Frayer, Ofnet: Evidence for a Mesolithic Massacre. In: D. L. Martin & D. W. Frayer (Hrsg.), Troubled Times – Violence and Warfare in the Past. War and Society Vol. 3. Amsterdam 1997, 181–216.

W. Gieseler, Die süddeutschen Kopfbestattungen (Ofnet, Kaufertsberg, Hohlenstein) und ihre zeitliche Einreihung. Aus der Heimat 59, 1951, 291–98.

J. M. Grünberg, Mesolithische Bestattungen in Europa. Ein Beitrag zur vergleichenden Gräberkunde. Internationale Archäologie Band 40. Rahden/Westfalen 2000.

J. Orschiedt, Manipulationen an menschlichen Skelettresten – Taphonomische Prozesse, Sekundärbestattungen oder Kannibalismus? Urgeschichtliche Materialhefte 13. Tübingen 1999.

H. Peter-Röcher, Krieg und Gewalt: Zu den Kopfdeposotionen in der Großen Ofnet und der Diskussion um kriegerische Konflikte in prähistorischer Zeit. Prähistorische Zeitschrift 77, 2002, 1–28.

J. Wahl & M. N. Haidle, Anmerkungen zur mesolithischen Kopfbestattung vom Hohlenstein-Stadel. Fundberichte aus Baden-Württemberg 27, Stuttgart 2003, 13–22.

R. Wetzel, Die Kopfbestattung und die Knochentrümmerstätte des Hohlensteins im Rahmen der Urgeschichte des Lonetals. Verhandlungen der Deutschen Gesellschaft für Rassenforschung 9, 1938, 193–212.

3 Das Ende der Steinzeitromantik

K. W. Alt, W. Vach & J. Wahl, La reconstruction « génétique » de la population de la fosse commune rubanée de Talheim, Allemagne. In: Le Néolithique danubien et ses marges entre Rhin et Seine. Actes du 22ème colloque interrégional sur le Néolithique, Strasbourg 27–29 octobre 1995. Suppl. aux Cahiers de l'Association pour la Promotion de la Recherche Archéologique en Alsace, 1997, 1–8.

U. Eisenhauer, Jüngerbandkeramische Residenzregeln: Patrilokalität in Talheim. In: J. Eckert, U. Eisenhauer & A. Zimmermann (Hrsg.), Archäologische Perspektiven – Analysen und Interpretationen im Wandel. Internationale Archäologie, Studia honoraria 20, FS Jens Lüning. Rahden/Westf. 2003, 561–73.

J. Wahl & H. G. König, Anthropologisch-traumatologische Untersuchung der menschlichen Skelettreste aus dem bandkeramischen Massengrab bei Talheim, Kreis Heilbronn. Mit einem Beitrag von J. Biel. Fundberichte aus Baden-Württemberg 12, Stuttgart 1987, 65–193.

J. Wahl & I. Trautmann, The neolithic massacre at Talheim – A pivotal find in conflict archaeology. In: R. J. Schulting & L. Fibiger (Hrsg.), Sticks, Stones and Broken Bones – Neolithic violence in a European Perspective. Oxford 2012, 77–100.

B. Welte & J. Wahl, Auxologische Studien an Skelettresten frühneolithischer Kinder und Jugendlicher aus Südwestdeutschland. Fundberichte aus Baden-Württemberg 31. Stuttgart 2010, 7–28.

E. M. Wild et al., Neolithic massacres: local skirmish or general warfare in Europe? Radiokarbon 46, 2004, 377–85.

H. Windl et al., Rätsel um Gewalt und Tod vor 7000 Jahren – Eine Spurensicherung. Katalog des NÖ Landesmuseums, N. F. 393. Asparn a. d. Zaya 1996.

M. Teschler-Nicola et al., Der Fundkomplex von Asparn/Schletz (Niederösterreich) und seine Bedeutung für den aktuellen Diskurs endlinearbandkeramischer Phänomene in Zentraleuropa. In: J. Piek & T. Terberger (Hrsg.), Frühe Spuren der Gewalt – Schädelverletzungen und Wundversorgung an prähistorischen Menschenresten aus interdisziplinärer Sicht. Beiträge zur Ur- und Frühgeschichte Mecklenburg-Vorpommerns 41. Schwerin 2006, 61–76.

4 Stammen wir von Kannibalen ab?

B. Boulestin et al., Mass cannibalism in the Linear Pottery Culture at Herxheim (Palatinate, Germany). Antiquity 83, 2009, 968–82.

A. Hujić, Paläodontologische Untersuchungen an Skelettresten der bandkeramischen Grubenanlage von Herxheim bei Landau/Pfalz. Magisterarbeit Tübingen 2009.

R. A. Marlar et al., Biochemical evidence of cannibalism at a prehistoric Puebloan site in southwestern Colorado. Nature 407, 2000, 74–78.

J. Orschiedt & M. N. Haidle, The LBK enclosure at Herxheim: Theater of war or ritual center? References from osteoarchaeological investigation. In: T. Pollard & I. Banks (Hrsg.), War and sacrifice. Studies in the archaeology of conflict. Leiden 2007, 153–67.

H. Peter-Röcher, Mythos Menschenfresser – Ein Blick in die Kochtöpfe der Kannibalen. München 1998.

H. Ullrich, Patterns of Skeletal Representation, Manipulation on Human Corpses and Bones, Mortuary Practices and the Question of Cannibalism in the European Palaeolithic – An anthropological Approach. OPUS Interdisciplinary Investigation in Archaeology (Moscow) 3, 2004, 24–40.

A. Wieczorek & W. Rosendahl (Hrsg.), Schädelkult – Kopf und Schädel in der Kulturgeschichte des Menschen. Publikationen der Reiss-Engelhorn-Museen 41. Regensburg 2011.

T. D. White, Prehistoric Cannibalism at Mancos 5MTUMR-2346. Oxford 1992.

A. Zeeb-Lanz, Die bandkeramische Siedlung mit Grubennlage von Herxheim (Südpfalz) – Ein überörtlicher zentraler Ritualort und sein Umfeld. In: I. Matuschik & C. Strahm (Hrsg.), Vernetzungen – Aspekte siedlungsarchäologischer Forschung. FS Helmut Schlichtherle. Freiburg i. Br. 2010, 63–73.

5 Aktenzeichen BR 162 ungelöst

R.-H. Behrends, Erdwerke der Jungsteinzeit in Bruchsal. Neue Forschungen 1983–1991. Archäologische Informationen aus Baden-Württemberg 22. Stuttgart 1991.

C. Jeunesse, Les sépultures en fosses circulaires de l'horizon 4500–3500: contribution à l'étude comparée des systèmes funéraires du Néolithique européen. In: L. Baray & B. Boulestin (Hrsg.), Morts anormaux et sépultures bizarres – Les depôts humains en fosses circulaires ou en silos du Néolithique à l'âge du Fer. Éditions universitaires de Dijon 2010, 26–48.

P. Lefranc et al., Les inhumations et les depôts d'animaux en fosses circulaires du Néolithique recent du sud de la Plaine du Rhin supérieur. Gallia Préhistoire 52, 2010, 61–116.

C. Meyer et al., The Eulau eulogy: Bioarchaeological interpretation of lethal violence in Corded Ware multiple burials from Saxony-Anhalt, Germany. Journal of Anthropological Archaeology 28, 2009, 412–23.

B. Regner-Kamlah, Grabenanlagen der jungsteinzeitlichen Michelsberger Kultur bei Bruchsal. Denkmalpflege in Baden-Württemberg Heft 3/2007, 174–80.

K. Steppan, Taphonomie – Zoologie – Chronologie – Technologie – Ökonomie. Die Säugetierreste aus den jungsteinzeitlichen Grabenwerken in Bruchsal/ Landkreis Karlsruhe. Materialhefte zur Archäologie in Baden-Württemberg 66. Stuttgart 2003.

K. STEPPAN, Hörner gegen Geister? Das jungneolithische Grabenwerk von Bruchsal-Aue aus wirtschaftsgeographischer Sicht. Varia Neolithica II, Beiträge zur Ur- und Frühgeschichte Mitteleuropas 32, 2002, 117–30.

J. WAHL, Menschliche Skelettreste aus Erdwerken der Michelsberger Kultur. In: M. KOKABI & E. MAY (Hrsg.), Beiträge zur Archäozoologie und Prähistorischen Anthropologie II. Konstanz 1999, 91–100.

6 „Ehrenmorde" an der Saale?

G. BRANDT & K. W. ALT, Die Tragödie von Eulau. Archäologie in Deutschland 5/2010, 6–11.

W. HAAK ET AL., Ancient DNA, Strontium isotopes, and osteological analyses shed light on social and kinship organization of the Later Stone Age. PNAS 105, 2008, 18226–231.

C. MEYER ET AL., The Eulau eulogy: Bioarchaeological interpretation of lethal violence in Corded Ware multiple burials from Saxony-Anhalt, Germany. Journal of Anthropological Archaeology 28, 2009, 412–23.

A. MUHL, H. MELLER & K. HECKENHAHN, Tatort Eulau – Ein 4500 Jahre altes Verbrechen wird aufgeklärt. Stuttgart 2010.

F. RAMSEIER, Ur- und frühgeschichtliche Schädeltrepanationen der Schweiz – Vom Neolithikum bis ins Mittelalter. Bulletin de la Societé Suisse d'Anthropologie 11, 2005, 1–58.

7 „... noch am nächsten Tag rot vom Blut"

R. BAUMEISTER (Hrsg.), Mord im Moor? Die Bronzezeit am Federsee im Spiegel von Archäologie und Naturwissenschaft. Bad Schussenried 2009.

U. BRINKER, J. KRÜGER & H. LÜBKE, Taucharchäologische Untersuchungen zur Frage der Herkunft der bronzezeitlichen Menschenfunde im Tollensetal bei Weltzin, Mecklenburg-Vorpommern – ein Vorbericht. Nachrichtenblatt Arbeitskreis Unterwasserarchäologie 16, 2010, 41–47.

N. GLÄSER ET AL., Biomechanical Examination of Blunt Trauma due to Baseball Bat Blows to the Head. Journal of Forensic Biomechanics 2, 2011, ID F100601, 5 p.

R. JANKAUSKAS ET AL., Im Osten etwas Neues: Anthropological analysis of remains of German soldiers from 1915–1918. Anthropologischer Anzeiger 68, 2011, 393–414.

C. JANTZEN ET AL., Der Fundplatz Weltzin, Lkr. Demmin – ein Zeugnis bronzezeitlicher Konflikte? In: J. PIECK & T. TERBERGER (Hrsg.), Traumatologische und pathologische Veränderungen an prähistorischen und historischen Skelettresten – Diagnose, Ursachen und Kontext. Rahden/Westf. 2008, 89–97.

D. JANTZEN ET AL., A Bronze Age battlefield? Weapons and trauma in the Tollense Valley. North-eastern Germany. Antiquity 85, 2011, 417–33.

D. JANTZEN & T. TERBERGER, Gewaltsamer Tod im Tollensetal vor 3200 Jahren. Archäologie in Deutschland 4/2011, 6–11.

E. FLAIG, Lucius Aemilius Paullus – militärischer Ruhm und familiäre Glücklosigkeit. In: K.-J. HÖLKESKAMP & E. STEIN-HÖLKESKAMP (Hrsg.), Von Romulus zu Augustus – Große Gestalten der römischen Republik. München 2000, 131–46.

8 Drei Frauenschicksale aus der vorrömischen Eisenzeit

A. BAUEROCHSE ET AL. (Hrsg.), „Moora" – Das Mädchen aus dem Uchter Moor. Eine Moorleiche der Eisenzeit aus Niedersachsen I. Rahden/Westf. 2008.

T. BROCK, Moorleichen – Zeugen vergangener Jahrtausende. Stuttgart 2009.

A. FLECKINGER (Hrsg.), Ötzi 2.0 – Eine Mumie zwischen Wissenschaft, Kult und Mythos. Stuttgart 2011.

9 Gewalt als Mittel zum Zweck

B. GROSSKOPF, Knochenarbeit. In: S. BURMEISTER & H. DERKS (Red.), 2000 Jahre Varusschlacht, Bd. 2 Konflikt, hrsg. von Varusschlacht im Osnabrücker Land GmbH – Museum und Park Kalkriese. Stuttgart 2009, 153–57.

G. LANGE & M. SCHULTZ, Die menschlichen Skelette aus dem Lagergraben der römischen Erdbefestigung bei Heldenbergen, Main-Kinzig-Kreis. Veröffentlichungen des Hanauer Geschichtsvereins 28. Hanau 1982, 7–34.

B. & D. MARKERT, Der Brunnenschacht beim SBB-Umschlagplatz in Kaiseraugst 1980: Die Knochen. In: Jahresberichte aus Augst und Kaiseraugst 6, 1986, 81–123.

A. REIS, Nida-Heddernheim im 3. Jahrhundert n. Chr. Schriften des Archäologischen Museums Frankfurt 24. Frankfurt/Main 2010.

D. SCHMITZ, „Ad supplicium ducere" – Hinrichtungen in römischer Zeit. In: M. REUTER & R. SCHIAVONE (Hrsg.), Gefährliches Pflaster – Kriminalität im Römischen Reich. Xantener Berichte 21. Mainz 2011, 319–40.

P. SCHRÖTER, Zu einigen menschlichen Schädelteilen aus dem römischen Tempelbereich an der Augustenstraße in Regensburg, Oberpfalz. Das archäologische Jahr in Bayern 1982. Stuttgart 1983, 117–18.

P. SCHRÖTER, Skelettreste aus zwei römischen Brunnen von Regensburg-Harting als archäologische Belege für Menschenopfer bei den Germanen der Kaiserzeit. Das archäologische Jahr in Bayern 1984. Stuttgart 1985, 118–20.

W.-R. TEEGEN & S. FAUST, Rätsel aus der Spätantike – Zwei enthauptete Männer aus dem antiken Stadtgebiet von Trier. In: M. REUTER & R. SCHIAVONE (Hrsg.), Gefährliches Pflaster – Kriminalität im römischen Reich. Xantener Berichte 21. Mainz 2011, 342–56.

F. UNRUH, Totenkult und Todeskämpfe – Religion, Strafe und Rausch im Amphitheater. In: H.-P. KUHNEN (Hrsg.), Morituri – Menschenopfer, Todgeweihte, Strafgerichte. Schriftenreihe d. Rheinischen Landesmuseums Trier 17. Trier 2000, 71–104.

J. WAHL, H. G. KÖNIG & S. WAHL, Die menschlichen Skelettreste aus einem Brunnen des Legionslagers in Bonn, „An der Esche 4". Bonner Jahrbücher 202/203, 2002/2003, 199–226.

10 „Wenn der Vater mit den Söhnen ..."

ARCHÄOLOGISCHES LANDESMUSEUM BADEN-WÜRTTEMBERG (Hrsg.), Die Alamannen. Ausstellungskatalog. Stuttgart 1997.

N. CREEL, Die menschlichen Skelettreste. In: P. PAULSEN, Alamannische Adelsgräber von Niederstotzingen (Kreis Heidenheim). Veröffentlichungen des Staatlichen Amtes für Denkmalpflege, Reihe A, Heft 12/II. Stuttgart 1967, 27–32.

H. REIM, Spätbronzezeitliche Opferfunde und frümittelalterliche Gräber – Zur Archäologie eines naturheiligen Platzes über der Donau bei Inzigkofen, Kreis Sigmaringen. Archäologische Ausgrabungen in Baden-Württemberg 2005, 61–65.

I. STORK & J. WAHL, Gewaltsam gestorben – gemeinsam bestattet. Eine außergewöhnliche Dreifachbestattung des 8. Jahrhunderts aus Hessigheim, Kreis Ludwigsburg. Archäologische Ausgrabungen in Baden-Württemberg 2007, 165–70.

J. WAHL, Tatort Inzigkofen: Eine frühmittelalterliche Mehrfachbestattung mit multiplen Gewalteinwirkungen von der Eremitage. Archäologische Ausgrabungen in Baden-Württemberg 2005, 66–68.

11 Ungarische Reiterkrieger fallen in Europa ein

E. REUER, Der Pfeilspitzenmann von Leopoldau. Archaeologia Austriaca 68, 1984, 155–60.

GNM NÜRNBERG (Hrsg.), Germanen, Hunnen und Awaren – Schätze der Völkerwanderungszeit. Ausstellungskatalog. Nürnberg 1987, 307–09.

W. JAHN, C. LANKES, W. PETZ & E. BROCKHOFF (Hrsg.), Bayern-Ungarn tausend Jahre: Katalog zur Bayerischen Landesausstellung 2001. Veröffentlichungen zur bayerischen Geschichte und Kultur 43. Regensburg 2001.

I. STORK & J. WAHL, Eine Doppelbestattung aus Bietigheim, Kreis Ludwigsburg, als Beleg für die Ungarneinfälle des 10. Jahrhunderts. Fundberichte aus Baden-Württemberg 13, 1988, 741–75.

12 Michael X. – ein Opfer der Appenzellerkriege im Jahr 1403

H. BIBBY & J. WAHL, Ein Opfer der Appenzellerkriege aus der ehemaligen Augustiner-Eremiten-Kirche in Konstanz. Archäologische Ausgrabungen in Baden-Württemberg 2000. Stuttgart 2001, 180–83.

P. NIEDERHÄUSER & A. NIEDERSTÄTTER (Hrsg.), Die Appenzellerkriege – eine Krisenzeit am Bodensee? Konstanz 2006.

13 Die Gebeine des Reformators

I. FEHLE (Hrsg.), Johannes Brenz 1499–1570. Prediger – Reformator – Politiker. Schwäbisch Hall 1999.

H. ULLRICH, Schädel-Schicksale historischer Persönlichkeiten. München 2004.

J. WAHL, Die Gebeine von Johannes Brenz et al. aus der Stiftskirche in Stuttgart. Osteologisch-forensische Untersuchungen an historisch bedeutsamen Skelettresten. Denkmalpflege in Baden-Württemberg 30, Heft 4/2001, 202–10.

G. WAIS (Hrsg.), Stiftskirche. Stuttgart 1952.

J. HAUSTEIN, Martin Luthers Stellung zum Zauber- und Hexenwesen. Stuttgart/Berlin/Köln 1990.

14 Samstag, der 4. Oktober 1636

J. ANSORGE, Ein Massengrab aus der Zeit des Nordischen Krieges auf dem ehemaligen Frankenhornwerk in Stralsund. Archäologische Berichte aus Mecklenburg-Vorpommern 17, 2010, 122–35.

S. BERG-HOBOHM, Ein anderer Blick auf die Schlacht von Alerheim: Massengrab aus dem Dreißigjährigen Krieg. Denkmalpflege-Informationen 140, 2008, 21–22.

T. BROCK & A. HOMANN, Schlachtfeldarchäologie – Auf den Spuren des Krieges. Archäologie in Deutschland Sonderheft 2/2011. Stuttgart 2011.

C. COOPER, Forensisch-anthropologische und traumatologische Untersuchungrn an den menschlichen Skeletten aus der spätmittelalterlichen Schlacht von Dornach (1499 n. Chr.). Dissertation Mainz 2010.

HANS JACOB CHRISTOFFEL VON GRIMMELSHAUSEN, Der abenteuerliche Simplicissimus Deutsch. Von R. Kaiser. Frankfurt/Main 2009.

A. GROTHE & B. JUNGKLAUS, Ein Massengrab aus dem Dreißigjährigen Krieg bei Wittstock – Archäologische und anthropologische Aspekte. Mitteilungen der Berliner Gesellschaft für Anthropologie, Ethnologie und Urgeschichte 29, 2008, 51–60.

A. GROTHE & B. JUNGKLAUS, In Reih' und Glied – Archäologische und anthropologische Aspekte der Söldnerbestattungen von 1636 am Rande des Wittstocker Schlachtfeldes. Tagungen des Landesmuseums für Vorgeschichte Halle Bd. 2. Halle/Saale 2009, 163–71.

P. VON GRUMBKOW ET AL., Analyses to help identify individuals from a historical mass grave in Kassel, Germany. Anthropologischer Anzeiger 69. 2012, 1–43.

M. KONZE & R. SAMARITER, Momentaufnahme einer Belagerung: Stralsunder Söldnergrab von 1628. Archäologie in Deutschland 3/2011, 52–53.

S. EICKHOFF & F. SCHOPPER (Hrsg.), 1636 – Ihre letzte Schlacht: Leben im Dreißigjährigen Krieg. Stuttgart 2012.

15 Hinrichtungen – Massenspektakel des ausgehenden Mittelalters

J. AULER (Hrsg.), Richtstättenarchäologie. Bände 1 u. 2. Dormagen 2008 bzw. 2010.

C. HINCKELDEY (Hrsg.), Justiz in alter Zeit. Schriftenreihe des Mittelalterlichen Kriminalmuseums Rothenburg ob der Tauber, Band VIc. Rothenburg o. d. T. 1989.

E. JAGER, Auf Ehre und Tod – Ein ritterlicher Zweikampf um das Leben einer Frau. München 2006.

J. MANSER ET AL., Richtstätte und Wasenplatz in Emmenbrücke (16.–19. Jahrhundert). Bände 1 u. 2, Schweizer Beiträge zur Kulturgeschichte und Archäologie des Mittelalters 18 u. 19, herausgegeben vom Schweizerischen Burgenverein. Basel 1992.

W. SCHILD, Die Geschichte der Gerichtsbarkeit – Vom Gottesurteil bis zum Beginn der modernen Rechtsprechung. Hamburg 1997.

P. SCHUSTER, Eine Stadt vor Gericht – Recht und Alltag im spätmittelalterlichen Konstanz. Paderborn 2000.

J. WAHL & C. BERSZIN, Nach 200 Jahren von einem Orkan freigelegt – Skelettreste aus der Flur „Galgenberg" bei Ellwangen an der Jagst (Ostalbkreis). Fundberichte aus Baden-Württemberg 31. Stuttgart 2010, 687–766.

J. WAHL & B. TRAUTMANN, Auf den Spuren der „Wiedertäufer" aus dem Jahr 1529 – Anthropologische Untersuchung der Skelettreste vom „Remswasen" in Schwäbisch Gmünd. Fundberichte aus Baden-Württemberg 33. Stuttgart 2012 (im Druck).

Bildnachweis

A. Czarnetzki, Tübingen: 39; A. Golowin, gruppe sepia, Heilbronn: 53; A. Grothe, Brandenburgisches Landesamt für Denkmalpflege und Archäologisches Landesmuseum, Zossen: 179; B. Jungklaus, Anthropologie-Büro, Berlin: 183 u. li.; B. Rehbock, Gransee: 183 u. re.; Chr. Meyer, Institut für Anthropologie, Universität Mainz: 87; D. Bibby, Regierungspräsidium Stuttgart, Landesamt für Denkmalpflege, Ref 84, Esslingen: 157; D. Jantzen, Landesamt für Kultur und Denkmalpflege, Schwerin: 99; D. Schultze, Landesamt für Kultur und Denkmalpflege, Schwerin: 100; D. Sommer, Brandenburgisches Landesamt für Denkmalpflege und Archäologisches Landesmuseum, Zossen: 182, 183 o.; „Diebold-Schilling-Chronik" © Eigentum Korporation Luzern: 191; H. Windl, Amt der Niederösterreichischen Landesregierung, St. Pölten: 47; Institut für Ur- und Frühgeschichte und Archäologie des Mittelalters, Universität Tübingen: 114; J. Lipták, Landesamt für Denkmalpflege und Archäologie Sachsen Anhalt: 85, 88; Kantonsarchäologie Luzern: 193; M. Kelch, Institut für Gerichtliche Medizin, Universität Tübingen: 124; M. Schreiner, Archäologisches Landesmuseum Baden-Württemberg, Konstanz: 134, 197; M. Seitz, Archäo-Servive, Rottenburg: 119; M. Szebedits, Regierungspräsidium Stuttgart, Landesamt für Denkmalpflege, Ref. 84, Arbeitsstelle Konstanz: 160, 171, 173; M. Teschler-Nicola, Naturhistorisches Museum, Wien: 48; Niedersächsisches Landesamt für Denkmalpflege: 110; P. Palm, Berlin: 19; P. Schröter, Anthropologische Staatssammlung, München: 127; Regierungspräsidium Karlsruhe, Ref. 26 Denkmalpflege: 74; Regierungspräsidium Stuttgart, Landesamt für Denkmalpflege, Ref. 84, Arbeitsstelle Konstanz: 50, 73, 75, 77, 137, 141, 167; Regierungspräsidium Stuttgart, Ref. 86 Denkmalpflege, Esslingen: 144; Regierungspräsidium Tübingen, Ref. 26 Denkmalpflege: 112, 132; Riksarkivet, Stockholm: 186; S. Suhr, Landesamt für Kultur und Denkmalpflege, Schwerin: 98; The Natural History Museum, London: 29; U. Bause, Kirchzarten: 148, 150 a-d; Wikimedia Commons: 161; Y. Mühleis, Regierungspräsidium Stuttgart, Landesamt für Denkmalpflege, Esslingen: 24, 25; aus: I. Matuschik u. C. Strahm (Hrsg.), Vernetzungen – Aspekte siedlungsarchaologischer Forschung. FS Helmut Schlichtherle, Freiburg i. Br. 2010: 62 (S. 65 Abb. 3), 64 (S. 65 Abb. 2); aus: Mitteilungen der Berliner Gesellschaft für Anthropologie, Ethnologie und Urgeschichte 30, 2009 (Abb. 10): 63; aus: Morituri – Menschenopfer, Todgeweihte, Strafgerichte. Schriftenreihe d. Rheinischen Landesmuseums Trier 17, Trier 2000: 34 (S. 32 Abb. 5); aus: R. Wetzel, Die Kopfbestattung und die Knochentrümmerstatte des Hohlensteins im Rahmen der Urgeschichte des Lonetals. Verhandlungen der Deutschen Gesellschaft für Rassenforschung 9, 1938 (Abb. 3): 41.